U0831883

示弱的力量

杨程程◎著

长江出版传媒 湖北科学技术出版社

示弱的力量

图书在版编目（CIP）数据

示弱的力量 / 杨程程著 . -- 武汉 ： 湖北科学技术出版社，2018. 3

ISBN 978-7-5352-9962-8

Ⅰ. ①示… Ⅱ. ①杨… Ⅲ. ①成功心理－通俗读物

Ⅳ. ①B848. 4-49

中国版本图书馆 CIP 数据核字（2017）第 317290 号

责任编辑：李　佳

封面设计：仙　境

出版发行：湖北科学技术出版社

www.hbstp.com.cn

地　　址：武汉市雄楚大街 268 号出版文化城 B 座 13-14 层

电　　话：027-87679468

邮　　编：430070

印　　刷：北京凯达印务有限公司

邮　　编：100024

印　　张：8. 75

开　　本：880mm×1230mm　1/32

版　　次：2018 年 3 月第 1 版

印　　次：2018 年 3 月第 1 次印刷

定　　价：38. 00 元

序

我们曾如此渴望命运的波澜，到最后才发现：人生最曼妙的风景，竟是内心的淡定与从容……我们曾如此期盼外界的认可，到最后才知道：世界是自己的，与他人毫无关系。

——杨绛

小时候，我们对这个世界充满了困惑，常常认为，有一天我们长大了，幸福就会如约而至。但越是长大，越是明白生活的粗暴；越是成熟，越是懂得世事的艰难。

人生之戏，没有一出是好演的。没有彩排，没有预定的结局，莫名其妙地就开始了，又莫名其妙地要我们看着它结束，所以我们才怯弱地问：我从哪儿来，要到哪儿去？处处是对未知惊喜的期待，所以我们总是深怀希望；处处是对未知惊惧的焦虑，所以我们处处防备，随时准备攻击。外表的悍然，体现的只是内心的惶惑。

于是，生命就在平凡中一边期待未知的惊喜，一边准备攻击未知的惊惧。

所以，我们内心深处最渴望的便是对世人、世事的掌控力。而能让我们确认自己掌控力的唯一证明，就是让那些和我们相关的人按照我们希望的样子来活，和我们相关的事按照我们希望的方式发展，那些和我们相关的结果按照我们希望的方式出现。唯有如此，我们才会相信自己有能力掌控自己的安全与幸福。于是，我们本能地把破坏肉身愉快安全和改变内心对掌控力预期的，统统都视作受伤，如是，因爱而喜，因恨而怒，因悲而哀，因忧而怨，因苦而烦。

一旦那些人、那些事、那些结果不是我们想要的，我们的负面情绪就爆发了——那是一种失望甚至绝望，源于自身对世界的无法掌控。但那些被我们视作洪水猛兽的种种负面情绪背后，掩藏着的是一颗受伤的心，说到底，所有的负面情绪，都只是受伤后的自卫反应。那些暴跳如雷的人，那些深夜痛哭的人，那些日夜倾诉自己苦难史的人，以及那些不断挑剔、批判、翻旧账的人，之所以那么不可理喻，那么粗暴，就是因为他们认为自己受到了触及灵魂的伤害。不是他们不愿意温柔，而是他们不知道如何才能免于受伤；不是他们难以相处，而是他们深陷于彼此粗暴伤害的恶性循环里，忘了其实可以温柔地与世界相处。

请坚信这个真理：你向世界释放了什么，世界便回报你什么。若你释放的是抱怨，得到的必然是指责；若你释放的是批判，得到的必然是批判；若你释放的是攻击，得到的也必然是反击。如果我们不先停止伤害，便会永远在彼此伤害的深渊里挣扎。若是我们懂得粗暴背后掩藏的是受了伤的灵魂，若是我们明白攻击背后是缺乏安全感的表现，若是我们理解反击只会让彼此的伤害变得更深，我们便能努力去终止那些本能的攻击和反击，原谅那些有意无意伤害我们的人。

若想彼此温柔相待，总得有一个人先软化自己，即使，它看上去是一种示弱。主动终止伤害的人，无疑要先承担更多的伤害，但多挨一刀，为的是少挨继续纠缠下去而得来的十刀百刀。是的，我们可以停止攻击，不再暴烈地与世界相处。

目录 Contents

第一章 你有多温柔，就有多强大

第二章
永远要有心疼自己的能力

第三章
生活对你粗暴，是因为你锋芒太盛

第四章

弱者才去逞强，强者都懂示弱

第五章
唯有柔软能对抗世间所有的坚硬

第一章

你有多温柔，就有多强大

少一点防备，世界没你想象中那么糟

如果不把事物推演或细化到极致，就无法揭露出它本来的问题。所以，我会以一贯的方式尽力把事物推演或细化到极致，来逼出最真实的问题所在。虽然以此为基础的变化不计其数，也因此产生了不计其数的接受和拒绝，但它并不妨碍我们把问题说清楚。

说起来，人生的困惑如过江之鲫，每一个期待的落空都可能让我们痛苦迷惑。但人生的困惑又实在太少，以至于真要说穿，竟然只需简简单单的几个字：计较、依赖。是的，计较、依赖，它们就是自私的基因。

我们随时都在计较，得出这家菜更好吃，那个领导更和气，某种颜色更好等一切结论，以帮助我们做出最有利于自己的选择。我们也随时都在依赖，依赖父母的生养，依赖学校的教育，依赖工作的价值交换，依赖伴侣的帮助。我们的人生就在计较和依赖这个矛盾对立的统一体里挣扎。

人总是在对环境进行选择，趋利避害是人的天性。所以我们从一有生命那一刻起，就开始了计较，以自我感觉作为标准。我们时时对一切事物进行着不自觉的利害判断，所以时刻都在计较。我们不与他人合作，不与文明社会合作就得不到一切生存资源，所以我们时刻都在依赖——在动物世界，成年的个体几乎全都能够独立，不需要其他动物的援助。但人类几乎随时随地都需要与同胞合作、交易，以我所余，换我所需。如果你是一个图书编辑，你只能编编书，除了空气，你需要的一切，如水、电、食物等，都需要从他处获得。你要与自来水公司交易，以保证你有水喝；你要与电力公司交易，以保证你有电用；你要从超市及其他各种形式的市场取得自己需要的食物、衣物、网络和书籍等；你甚至得与整个文明合作，以利于更好地谋生。

假如你选择待在偏远、落后的农村，你就可能很难找到一份薪水让人满意的工作。出于对利害的考量，我们无时无刻不在计算和比较；也是由于考虑到利害关系，我们必须与他人合作，所以我们又相互依赖。本来，我们因为考虑到利害关系而相互依赖是可以同心同德的，但由于个体认知力与能力的差异，使得我们每个人对利害的判断、需求与欲望都不一样，一个人的蜜糖（慈爱的妈妈说多吃点肉才长得高），可能是另一个人的砒霜（腻得孩子一见肉就想吐），所以，当个人计较与依赖的需要发生冲突时，矛盾就产生了。

比如妈妈爱孩子→希望孩子好→从经验上感觉某种方式好→强迫孩子按她以为好的方式去生活，比如吃肉。孩子是她感觉中最重要的人，所以孩子吃不吃肉在妈妈心中就关乎利害：可怜的妈妈，把自己感觉中的利害当成了爱。孩子并不觉得妈妈想给的是爱，因为他只感受到了被强迫，被伤害，在他的感觉中，只有最直接的利害判断，得到想要的，就是利，把他不想要的加强给他，就是害。

大多数人不知道这些矛盾产生的根源，也不接受它存在的合理性，所以都过得很痛苦。而我们的本能，对所有痛苦都有一套自我防御体系，所以，任何让我们产生痛苦的东西，都会成为我们攻击的对象。你给我甩脸子，我必还你白眼；你的语气不悦，我的话也不会好听。这套反应体系对有些问题的处理是有效的。如，蜈蚣蜇了你，打死它，行。于它来说，你是暴力最强者，不需要与它合作。但我们和周围人的关系就不同了，没有谁强到不需要与谁合作，也少有人弱得毫无合作的价值，自卫本能防御体系只适用于我们处于绝对优势的少数情况，而不适合于多数需要相互合作的情况。

如果我们留意一下，会发现这样一个有意思的现象，多数时候，我们只会攻击那些可以与之抗衡的对象。比如，一个和我能力差不多或没有太多利害干系的熟人给我脸色，我肯定也会甩脸子；但是，如果是我的领导，在我的心理和地位都处于绝对劣势时，我还敢因为领导给脸色而甩脸子吗？我本能的反应是，我哪儿又做错了？这就像我在路上被一个人不小心踩了下脚，我会很生气地瞪他；但一个人若要拿刀砍我，我第一反应当然是保命，接着会想，我到底做了什么让他竟然想要我的命。

小的痛苦，只会让我们去看自己哪儿受了伤，要怎么反击才能平息我们的愤怒；大的痛苦才会让我们去反思自己是不是有问题，很多人最后开悟，就是因为他们的反省超越了本能的自我防御心理反应模式。

其实，这套心智模式不完全正确，一个巴掌拍不响，无论多小的问题，都绝不只是外界的问题。每一个细微的痛苦，都有我们自己的原因。就好比你走在某条路上，突然莫名其妙地掉进了坑里，也一定有你自身失察的问题一样，因为并不是所有走这条路的人都会掉到坑里去。

要想人生之路走得顺畅点，要想告别那些细碎的、无处不在的伤害，我们必须摆脱本能的自我防御心理反应模式，去学着认识我们意识中深藏的本能，去理解自己那些痛苦背后的真实心理成因，去接纳这十之八九不如意的世界，去包容那些他人因自我防御本能而对自己产生的伤害，这样，便可终止冤冤相报。

心安的归宿，稳稳的幸福，你可以拥有。只是，从现在开始，我们要重新建立一套心智程序。

你那么不快乐，无非是计较太多

人与人相处，难免有不痛快时和不痛快处。比如，明明是同事犯了错，结果自己却受了牵连；好端端地做着自己的事，突然受到别人冷言冷语的讥讽；同样的付出，别人得到了好结果，自己却一无所获……如果非要细数，随随便便就可以找出令你生气的理由。与其这样计较着，煎熬着，倒不如豁达一点，告诉自己别太在意，人生从来都不是等价交换。

几经周折，我的朋友天宇终于谋到了一份心仪的工作，有挑战性，能发挥才华，他已经做好了留在公司长远发展的打算。刚入职的那两个月，他兴奋不已，感觉身体里的每个细胞都充满了正能量。与同事熟悉了之后，他也更加喜欢这里的工作环境和人际关系。

那天，他与一位同事聊天，也许是聊到兴头上，两人竟忘了办公室聊天的“禁忌”，说起了月薪。比较之下，他发现自己的月薪比同事少了500元，而那个同事比他来得晚，刚入职一个月。

天宇的心里开始不平衡了，不断地嘀咕着：“他比我来公司还要晚，工作能力又没我强，工资竟然比我还高。”因为心里憋着气，他敲打键盘的动静也比平时大了许多。

那天之后，他说不清楚是什么缘故，只想“疏远”那位同事，对工作也没了之前的热情和期待。那500元，夺走了他的自尊，夺走了他的平静，也夺走了他的快乐。

其实，所有的事情都没有变，唯一改变的就是他的心——总觉得所得比别人少了一些。

世上爱计较的人，不止天宇一个，我的另一个朋友陈涵也是个爱计较的人。自结婚以来，陈涵的日子过得一点也不舒心，经常生闷气。丈夫的家境一般，结婚时婆家并没有给她太多的彩礼钱，拍婚纱照，请婚庆，办酒席，大部分钱都是丈夫和她攒的。因为这件事，陈涵一直觉得婆家“亏”了她。

几年之后，丈夫的弟弟也要结婚了。第一次与女方见面时，婆婆给了女方1000元见面礼。陈涵知道后很生气，她想起自己初次登门时，婆婆的见面礼只给了500元，显然是偏心。这件事压在陈涵心里，好几天都没给婆婆好脸色。

接下来，全家就开始操办婚礼。那场婚礼办得很风光，当然花销也不小。陈涵从丈夫那里得知，办婚礼的钱都是公婆拿的。她心里更窝火了，晚上就跟丈夫吵了起来，说公婆明摆着就是欺负人。丈夫示意她小点声，不要让老人听见，可她偏偏提高嗓门，故意让公婆听见，以发泄心中的不满。

第二天，婆婆主动找了陈涵，说出整件事情的原委："你们结婚那会儿，咱家的条件不好，你爸刚动了手术，家里没那么多钱，所以很多事都是你们俩掏钱办的。说实话，我和你爸一直都觉得亏欠了你。老二结婚了，婚礼的钱是我们出的，那是因为女方家买了房子。咱家娶媳妇，总不能还让人家给办婚礼吧？我们把你爸单位那边的小房子卖了，除了给老二结婚的钱之外，还剩下了一些，想给你们俩凑个首付……"婆婆的话还没说完，陈涵就羞愧不已了，想起自己这些年的斤斤计较，与婆婆此时此刻的大度，俨然是天壤之别。

太计较生活里的小事，落得心胸狭窄、咄咄逼人的名声；太计较工作上的小事，一叶障目，不见泰山，耽误了大事；太计较感情上的小事，对人持有偏见，影响彼此间的关系。计较来计较去，发现得到的不过是一肚子的怨气，失去的却是名声、机会、感情和修养。

完全不计较得失，有点不太现实，可若把计较当成了习惯，对任何事、任何人都计较，就未免显得太过浅薄了。我们拥有细腻如丝的情感固然可贵，但偶尔也该有“一生多少事，都付笑谈中”的大气。放开那些微不足道的小事，是一种生活智慧，也是一种可贵的修养。如此，才能在有限的生命里，活出无限的喜悦与精彩。

没有谁会真的刁难谁

刚工作的头两年，我的心理素质很差，动不动就与人发生争执，虽然事后也知道，有些事情大可不必那么较真，但当时心里就是有口气放不下。但自从我有效地对付了一个大家都觉得很刺头的人后，我突然发现，其实有时候，是我们太过较真，才让伤害发生。

每个人都渴望被认可，所以在涉及对错的问题上，我们格外在乎。那天，因被一个有被迫害妄想症的客户纠缠，我几乎崩溃了。他不停地置疑我们公司的信誉，怀疑我们欺骗他，攻击这个行业都是混账……领导被他弄崩溃了，另一个接手工作的人也被弄崩溃了，现在，我也崩溃了，真的没有见过这么无理取闹又不可理喻的人。你若有疑而问，我必如实作答。但是，被迫害妄想症患者的最大毛病是他问了，也得到了解释，但他偏偏不信，仍会不停地要承诺、保证，还附带各种威胁……我气得想哭，但又不能不继续回答他那些纠结的问题，应对他那些令人难以忍受的责骂。

由于过于气愤，我开始说反话，我说："是啊，都是我们不好。唉，对不起……"当我搜肠刮肚半天，几个刻薄又恶毒的词呼之欲出的时候，他的态度突然来了个大转弯，开始说理解我，说不是我的错，然后表示希望和我做朋友。

我好不容易想好的反击之语，硬生生地被憋了回去。原来，他并不是为了找事儿而找事儿，他的挑刺，只是寻求理解的一种方式，只要有人愿意理解他，他也会理解别人，愿意平和地与人交流。这样的结果，让我有一些意外。愣了一阵后，我释然了。他如此纠结，仅仅是希望得到尊重或被理解的感觉。早知如此，我可以更早地把这句话说出来，你让他觉得自己是被理解的，他就可能不再误解你，甚至会理解你，有啥不好呢？

其实，很多时候，我们不要急于去证明自己的正确，退后一步自然宽，我们完全可以先停止伤害、停止抱怨，那么世界回馈给你的，必将是更多的美好。

真的没有想到，我和他竟然成了非常好的朋友。在我曾经的一段困窘时光，他全心全意地帮助我，即使自那以后，我们并无多大的交集。和这个看上去特别刺头的人的交往让我发现，其实，没有谁会真的为了刁难谁而去刁难谁。很多时候，刺头之所以成为刺头，是因为他们感觉自己被攻击、被伤害了。他们自己没有能力处理这些非理性认知造成的自我伤害，于是加罪于外部环境。他们也不知道自己不断发泄的受伤情绪，如抱怨、责骂、发脾气或尖刻的批判等，都在不断地伤害着周围的人，而受伤的人出于自卫的本能，又选择了反击，如此形成了一个恶性循环：自我伤害→发泄情绪引起的攻击行为伤害了别人→别人反击→被伤害→发泄情绪引起的攻击行为伤害了别人……

比如，一位有着依附型人格的家庭主妇，喜欢要求别人按自己的意愿行事，她渴望自己所依附的对象，能够成为她肉体和心灵的双重幸福保障。由于自小受这种不正确观念的引导，她理所当然地认为，女人嫁人是为了吃口饭，养家糊口是男人的事，只要男人勤奋，只要男人照她自以为正确的要求去做，她就一定会拥有自己那并不算奢求的小幸福。

可惜她的丈夫并不如她所愿，见其他人的丈夫都在努力打拼时，她内心的期待落空了，一见着丈夫就开始抱怨他懒，顺便把他过往的不是都连带着数落一番。随后，丈夫怒了，两人开始吵架。由于辱骂已经不能发泄丈夫对妻子刻薄语言的愤怒，他狠狠地揍了她一顿。挨揍的恨与期待落空的失望，又让这个家庭主妇第二天重述苦难史与发泄伤害情绪……如此，我们便看见了一个长期遭遇家暴的苦命女人和一个渣男。

我们总是对他人怀有不合理的期待，一旦这些期待落空，我们就会不由自主地做出情绪伤害反应，不知不觉地攻击他人，伤害他人，被他人伤害……如此循环往复，唯一终止这一恶性循环的办法是：放下对不合理期待的执着，告别自我伤害，因为执着于不合理期待是自我伤害的根源。如果这名主妇能发现自己的期待是不合理的，停止对丈夫的抱怨，这个恶性循环才有可能被终结。

你也许会问，什么样的期待是不合理期待呢？

答案可能会让你绝望：什么样的期待都是不合理的期待。也就是说，我们对任何人、事都不可以有期待，只要你有期待，期待就可能落空。只要你有了期待，必然会希望出现一个特定的结果。比如你约了男友半小时后见面，你觉得你的安排是合理的，因为他与你的距离只有十分钟的车程，但是他还是有可能会迟到甚至不到：堵车、临时有急事等突发状况会让你的期待落空。

执着于不合理期待就是执着于你一定要得到什么。也许，你会说，我们应该在答应某件事的时候，确保它是可以完成的。你应该在做出某个承诺的时候，确保它是能兑现的，否则你就不应该轻易承诺。听上去似乎有理，但若真要“确保某个动作一定如预期完成执行过程”，那么，我们几乎就不可能做出任何承诺或约定了。

比如，我们既然要上班，就应该在规定的上班时间，如9点前到达公司，因为你在与公司签订劳动合同那一刻起，你就已承诺了不迟到、不早退。你住得远，可以早点起床。如果你的路程需要一个小时，你7点出发，就一定不会迟到。理论上，这是成立的。但你忽视了无数基本条件，要在7点出发，9点到达公司，至少要满足如下条件：

1.你身体在未来一段时间是健康的，不会突然病倒而无法起床。

2.你的居住地是有安全保障的，不会因为房子的突然事故导致你受伤。

3.你所居住的城市在未来一段时间里都不会出现地震、风暴等一系列意外事件。

4.你开的车或坐的车，在未来一段时间里，都不会中途抛锚，保证你可以在相对顺畅的路上行驶到目的地。

5.司机或你都不会因为任何问题发生交通事故。

6.你公司的运转在未来的某一段时间都没有问题，你还可以继续去。

7.从公司到你家的区域治安没有问题，确保不会因为被抢劫、偷盗或斗殴等事故而耽误你……

如此一来，我们不难发现，除了自己保证自己明天还愿意（不一定能，且谁知道你第二天是否还愿意呢？没准夜里你便想起公司的万般不是，一赌气便决定旷工呢！）起来外，你什么也确保不了，你在无意中，便已经对一大堆状况做了无能为力的承诺……我相信，每一个人都不会恶意做这么一大堆不可能确保的承诺，但哪家公司会要一个连不迟到不早退都不能保证的人呢？你必须做出那些无力确保可实现的承诺，别人才会给你工作。

我并不想说我们不可以有期待，我只想说，我们自以为合理的、应该的事情，其实包含着无数不可抗力因素。我们除了尽力去做好，就是尽力去做好……至于结果，由它去吧。真正的遗憾是，由于害怕承担我们不想要的结果而放弃了为我们想要的结果努力。若是真尽了人事，成败如何已经不是我们的责任，任何事的最好结果，都得以无愧于心为基础。

没有谁会真的刻意刁难谁，若能放下对不合理期待的执着，也许就能接受自己必须独自承担的一切，就能毫不计较地拥抱生命。只有对一切可能性敞开怀抱，去理解，去接纳，我们才能体悟属于生命尊严的从容与淡定，若是去留皆不着意，宠辱都不惊惶，便能看庭前花开花落，望天上云卷云舒。

别在无意中当一辈子刺头

很多人有意无意地当了刺头而不自知，却感觉全世界都在针对自己。记得一个人事部经理曾经向我抱怨说，他在公司干了三年，一个朋友都没有交上，感觉公司的人都不好相处，所以特别想离职。刚开始，我不以为然，觉得如果一个人比较内向的话，是比较不容易交上朋友的，这也不算什么事。毕竟人生不只有一种活法，有的人对朋友的需求强烈，有的人对朋友的需求较弱。后来，通过一段时间的观察，我发现，不是别人难相处，而是他自个儿的性格太让人硌硬了。

比如公司有人才推荐机制，员工推荐的人如果被录用，推荐人会有200元的奖金，如果被推荐的人转了正，推荐人会有500元的奖金。那阵子，他正为人难招而焦头烂额，四处倾诉。于是同事小王便向他推荐了一个人，无论这个人的资历还是作品，都证明那个被推荐者至少是值得面谈一下的。小王把简历发给这位人事经理，他只是瞄了一眼就没下文了。后来小王问他是否需要与那个被推荐的人面谈一下，他却面色凝重地说：“我看了下他的简历，他是理工科的，恐怕不适合我们这种需要大量创意思考的工作。”

我悄悄地问他：“我记得你说过，其实理工科的逻辑思维更强。而且策划这活儿靠的全是勤奋和天赋，与学什么的关系不大。”

他却说：“唉，我只是随便找了理由打发他。你想，我们都是熟人，如果我招他推荐的人，别人会觉得我收了他啥好处。而且万一做得不好，或者出点儿啥事，就更说不清了……”

我说：“怎么会呢，公司不是有人才推荐奖吗？”

他却说：“你看小王那个人，平时总是一副自以为很会看人的样子。成天没事干就在背后嚼我的舌头，说我防备心太重……说不定他收了啥好处，才这么上赶着，要万一出点啥事儿，回头又赖我……”

我听得发晕：本来是件很简单的事儿，却弄得这么复杂。成天用被迫害的心思去揣测别人，处处算计提防，生怕别人这儿伤了他，那儿害了他，一点真心和热情都不肯付出，这就是他交不着朋友的原因。

很多人都患有被迫害妄想症，他们不是处处提防别人，成为人见人恶的刺头，便是为自己曾经受过的苦寻找一个外界的承担者，成为一个四处寻找认可的倾诉狂。这个同事，就是无意中当了刺头的那种人。并且，如果他不去反省，永远不会认识到自己究竟哪儿有问题。也许，岁月的磨砺，生活的锤炼能让他们慢慢地反省，也许，他们就这样下去，做一辈子四处扎人的刺头，或者做一辈子永远抱怨的倾诉狂。机缘、自身福慧以及个人的自主性，决定了他们能否跳出惯性思维的怪圈。

生活中，一直在无意中做刺头的人大有人在。我曾经遇到过这样一个同事，无论别人说什么、做什么，他都当成是别人的恶意攻击，然后又总是恶意攻击别人。由于行业的特殊性，我们常常要开会讨论稿件问题，这位刺头同事容纳不了一丁点儿不同的意见，而且他一点儿也看不起别人辛苦做出的东西，在讨论别人的稿件时，从来不是从市场可行性方面提问题，而是用很烂、一般般、根本不行等字眼简单粗暴地否定别人，只要别人与他的意见相左，他就觉得别人是有意打压自己。果真是应了一个真理，越是挑剔别人的人，越是害怕被他人挑剔。这让我想起一个自己经常接触的家庭主妇来。

不得不说，她确实是一位朴实而勤劳的女人，有着传统中国女性的很多美德：贤、贞、慧。她贤，因为她从来不怕辛劳，一力承担了照顾多病的婆婆、养育三个孩子的责任，从来没有因为生活的苦难而产生过放弃之心。她非常善良，无论谁找她帮忙，只要不是确实抽不开身，她都会答应，只要她能力许可，她就会付出。她贞，一生就守着一个男人，不离不弃，尽管他穷、他懒。她实在是慧巧，只是看她做事，你就会发现她聪明得不得了，小学没有毕业的她，可以辅导孩子的初中作业；那些别人折腾了很久都解决不了的问题，她只要略作深思，便能立刻想出办法来。她写得一手好字，做得一手好饭，绣得一手好花，还会做衣服、鞋子……很多女人干不了的活，她都能干。但她，却被婆婆厌，丈夫憎，孩子不喜。如果不和她生活在一起，真的难以想象，像这样一名女性，怎么会与幸福无缘，怎么会生活得那么苦不堪言？

但只要和她打过交道的人，都知道她是一个时不时就出口伤人的刺头。和《偷书贼》中那个收养了五个孩子的女人一样，善良，但却有一种奇怪的“能力”——能把自己认识的所有人都得罪，因为她看什么都只会看到负面的东西。比如，丈夫挣了点钱，满心欢喜地给她买了衣服，却被她骂骂咧咧地数落了半天，不是嫌丈夫乱花钱，就是嫌衣服不好看，丈夫殷殷的爱的关怀，换来的却是责备、抱怨和挑剔。孩子考试得了第一名向她报喜，她马上泼冷水说，你才考了个本班第一，人家XX全校第一。邻居告诉她谁得大病了，她本来想表达关怀，可是说出来的话让人感觉她非常幸灾乐祸。别人告诉她一个好消息，她本来想表达祝贺，可是听的人却觉得自己被挖苦了。这个可怜的刺头，就生活在自己辛苦工作和不断受伤中，她不明白为什么自己总是因为一句话和丈夫争吵，和孩子争吵，和跟自己打交道的人争吵。

直到现在，她依然不知道为什么每个人都爱与她吵架。无论我怎么说，她都不觉得自己有问题，因为她无法站在别人的立场去体验她加诸别人的伤害。因为她觉得自己没有想去伤害谁，说的话没有问题。这点倒是真的，她的那些话，若单纯从内容上看，确实没有几句是有攻击性的，但有攻击性的是她的情绪，她的口气。后来，不知道是谁说过，沟通中情绪占70%，内容只占30%。我深以为然，刺头在很多时候之所以让人感觉很刺，不是因为他们的行为会造成多大的实质性伤害，而是引发那些行为的情绪透露出了严重的攻击倾向，就像励志大师马登说过的那样，如果我们拿着一根骨头骂骂咧咧地叫狗来吃，它一定会被吓走；如果我们温柔、友好地说"过来我要弄死你"，它却会跑过来。

反省，必须是全面客观的。我曾经也是一个刺头，终日咄咄逼人地伤害别人而不自知，遭到别人的报复性伤害后，觉得自己特别委屈，世界怎么这么亏欠自己。多年以后，我学会了反省，反省自己的思维模式，反省自己的说话方式。渐渐地，我觉得自己有了一些改变，还煞有介事地为自己的脱胎换骨写些貌似极其有道理的文章。但是，当一些人委婉地说我很极端，太个性时，我觉得好意外，为了拔掉所有的刺，我的心灵经历了怎样的血肉模糊，你们竟然还嫌我极端，嫌我尖刻。我已经很注意很温柔了，好吗？

由于我觉得自己"博学多才"，已经"参透"了一切，很可以嘚瑟一下自己那"最有深度，最有内涵，最有档次"的思考结果了，于是我决定自己去录视频，意图重新诠释一再被误读的《易经》。我像模像样地弄了个DV，梳洗打扮一番，便对着镜头放起厥词来。我想着，像我这样一个长得还算端正清秀的女人讲《易经》，那也是一道独特的风景，没准放网上很快就会火起来。我一边意淫一边欣赏自己的录制之作，看着我那说话的表情、情绪以及动作，我崩溃了，明明面对视频时，我的动作是很优雅的啊！我的声音是很轻柔的啊！我是努力让表情保持从容温暖的啊！可是，视频里那个表情别扭怪异，声音充满着极端情绪的泼妇般的刺头是谁？

太恐怖了，我才知道，直到现在，我依然是一个真真正正的刺头。原来，我以为的改变，究竟有多自以为是。虽然现在我会尽量少做刺头，但是我知道，我可以变得更好。至少，我已经发现了自己的问题所在，若是自己感受到了攻击，一定会先去想，是不是自己无意中攻击别人了。所以，如果一个人觉得全世界都在针对自己时，他最应该做的不是去抱怨世态炎凉，而是反省自己，是不是自己不懂得与这个世界和谐相处。如果你也总是感觉自己很受伤，并且也很想改变自己，那么，可以试试我的办法，用摄像机录下自己的言行，如此，你才能看清真实的自己。然后，减少自己的攻击性，以自己最温柔的一面赢得属于自己的世界。

示弱，是对人生的经营

时间的翻云覆雨手，在消磨一切、吞噬一切。在这个无常的世界里，我们那么渴望不再漫无目的地漂流，那么渴望找到一个安心之处。但是，面对生活中的种种琐碎，面对繁杂事务的种种压力，我们的心灵却显得那么缺乏经营能力。

有一个女孩，由于家庭贫困，初中毕业便出去打工了。多年以后，由于她的勤奋努力，终于在一线城市买了大房子。忙完装修后，她首先想到的是接受了一辈子苦的父母过来享福。由于母亲要照顾生病的弟弟走不开，先来到她家的是父亲。这原本是好事一桩，要知道，小的时候，父亲是最疼爱她的人啊，现在把父亲接过来，她认为，父亲除了帮自己照看一下孩子，什么都不用做，应该会过得很轻松的。

但幻想总是太美丽，现实又总是太琐碎。

多年的城市生活使她的人生观和价值观发生了翻天覆地的变化，而父亲也因为有了自己的信仰，原来贪图酒肉、好吃懒做的他也变得完全不同了。父女之间，首先因为早起问题产生了极大的矛盾。父亲由于开始修身持戒，作息变得极为严格，每天早上六点多必然会起床，然后开始忙着煮一家人的早饭，早饭快好时，开始给小公主穿衣洗脸，随后叫一大家子人起床吃饭。

但是，女孩自己开着美容院，每天都很忙，常常夜里十一二点才回家，所以，早上十点前的睡觉时光对她来说十分珍贵。父亲是传统型大男人，始终认为做饭洗衣是女人的事——在家里，母亲包揽了几乎所有家务，而他来到这里后，却要开始做永远没有休息日的家务，早餐完后没多久就得买菜，再带小公主转转又该做午饭了，午饭完后陪孩子睡两小时，便又得开始搞卫生，随后开始准备晚饭。而女儿似乎完全没有做家务的意识，这使得他的内心极度失望，开始是挑剔女儿不卫生，随后挑剔女儿懒，再然后则大骂女儿自己都不带自己的孩子。

女孩心中万般委屈，为了让父母和家人过得好一点，自己从早忙到晚地工作，怎么可能再分出时间和精力来做家务、照看孩子？那时候，女孩常常在深夜痛哭，她给足了父亲生活费，不是非得要他做饭，他没来之前，自己根本不吃早餐，中午在店里吃，晚上也在店里吃。父亲来后，她也就晚上一顿在家里吃。但父亲既不愿意在食堂吃饭，也不愿意在外面吃饭，对做饭又十分不满。女孩不知道自己该怎么办才能让父亲心满意足。只好同意父亲回老家，让母亲过来。

没想到原来觉得一向好相处的母亲也和自己合不来，没住一个月便吵着要回去，女孩委屈到了极点：我给你们吃香的喝辣的，给你们买好衣服，为什么你们就是不愿意和我一起过好日子，反而要回去？直到有一天，连最爱她的老公宁愿净身出户也要离婚时，她都没有意识到自己与人相处时太有问题。听到老公要求离婚时，一向坚强的她终于爆发了："为什么，我为你们付出那么多，你们一个个都要离开我？"老公只是叹气。冷静下来后，她哭着说："你可以离开，但请你告诉我究竟是为什么！"

老公说："你自己想想，你和谁一起不吵架？跟你在一起的所有人，什么都要听你的，没有按照你的要求来，你就要发脾气。我要听你的，我家里人要听你的，你家里人也要听你的。孩子吃不下两个鸡蛋，你就像疯子一样叫骂。我母亲来帮我们带孩子，你不喜欢，我认为是婆媳之间难以相处的问题，所以把她送走了。想着你和自己的父母总没问题了吧，可实际上呢？因为是你自己的父母，你恶劣的态度反而变本加厉了。我知道你很好，你为家里付出了很多，但是，如果一个人付出的同时却对别人施加了无限的精神暴力，这付出还有意义吗？”

女孩还是不甘心：“我就脾气不好这个毛病，我不都为了一家人好吗？”

她的老公继续说：“如果我也脾气不好，给你很多物质上的满足，但早上一起来就数落你，中午看见你就骂你，时不时再打你一顿，你觉得这样的生活会快乐吗？每个人都没有理由拿自己的脾气去伤害周围的人。你看，你自己的妈妈都痛哭流涕地离开了，我真的再也受不了所有人都必须围着你转的日子……因为你根本不懂得最基本的人之常情。”

女孩受了极大的震动，于是便去请教心理咨询师。当心理咨询师说她控制欲太强时，她才明白自己的问题究竟出在哪里。咨询师说了一句让她感触万分的话：“家是讲情的地方，不是讲理的地方。不管是对父母，还是伴侣，先要让他们高兴，其次才是让他们在心情愉悦中接受你讲的道理。”

她回到家里，对老公说的第一句话是：“再给我半年机会，如果半年后我还没有改过来，你可以自由地离开。”见女孩有诚意，两人又有孩子的牵绊，她老公同意了。女孩说改还真开始改了，首先是主动带上丰厚的礼物去看婆婆，诚恳地向老人家认错，并且表示只要婆婆愿意，她随时欢迎婆婆到城里住，还不忘记了向婆婆坦白，自己当时确实对婆婆有成见，但现在她明白，婆婆和自己不一致的方式，只是时代不同造成的，并且她非常理解婆婆的好意。

随后，女孩联系自己的父母，真诚地请求父母原谅自己的霸道。她学会了接受别人的不同，不再纠结于一些细枝末节。她学会了克制自己的脾气，虽然内心仍然波澜壮阔，但她会很坦然地告诉家里人：“我知道你一定是为我好的，只是我现在有点难以理解，请原谅我出去走走！”习惯成自然，她的自我克制能力越来越强，现在的她很难再轻易发火。

由于她的改变，父母也改变了对她的态度，连客户和员工似乎都格外喜欢起她来，原来有瓶颈的生意，竟然慢慢地开始有了更丰厚的赢利……半年之后，她问老公是否还要离开，她老公笑了笑：“恐怕我妈都不同意，她现在可喜欢你了，昨天还说你亲自给她做面膜了……”

女孩的示弱，不仅挽救了一段濒危的婚姻，也助益了她的事业。原来人见人避的她，已经成了个到哪儿都有熟人要主动找她的人。多年以后，我问她，是什么促使她如此彻底地改变。我始终觉得，一个心理咨询师所起的作用不可能这么大。她也坦白告诉我，第一功劳确实不是心理咨询师的。经过心理咨询后，她依然没有觉得自己有错，直到有一天，她遇上了一个从国外归来的分子生物学教授，她才有了彻底改变自己的决心。

我表示非常好奇，她说："我从一个客户那儿知道，这个教授发明了治疗皮肤病的新生物补充剂，在美国非常受欢迎。成本很低利润却很高，我便想法接触了这个教授，这个教授很懂心理学，当时他就感觉我心情不好，非得让我说原因。我看着他年纪一大把了，也不像坏人，就把自己家里那点事儿告诉了他。然后他说他可以帮我，不过要我抽三天时间，临时充当他一个赞助商的总裁助理，算是帮他的忙。我考虑到产品合作就答应了。"

"我其实是个很爱漂亮的人，平时大家也都会夸我漂亮。但那天走到他的办公楼，首先看到的是不屑，随后我做任何事，我的任何行为，人家都会对我进行负面评价。我来到那个需要助理的总裁那儿，总裁首先是对我的形象表示反感，说我怎么这么不职业，妆化得过浓，而且也不知道减减肥。随后要求我给他泡咖啡，我忍着火给他泡了，他还没喝就说我用的不是开水，泡出的味不正，要我重泡，而且要我赔他的咖啡。这一天不知道有多难熬。

“好不容易下班了，总裁又指责我工作没做好，要加班……一直弄到晚上八点多。下班后我告诉教授，那公司实在太让人受不了了，他笑了笑说，当是帮他的忙，就三天，我只好同意了。第二天更是变本加厉，我做不做事，做任何事，听到的都是指责和挑剔！最后快下班时我跟总裁闹翻了，哭着跑出了办公室。然后打电话告诉教授，忙是帮不下去了。教授安慰我说，就还剩下一天了，如果不帮他，他就没面子，拿不到研发经费，也没法为我提供产品。我想了想，就一天了，再咬牙忍一下，何况一天能换一大笔研发经费，再怎么也不能负了教授的期望。于是，第三天我还是硬着头皮去了，做好了别人怎么说都不管的准备。

“没有想到，刚到办公室，同事们都说我今天特别漂亮，原来没有发现，我竟然长得这么精致并且这么优雅，我太惊讶了。见到总裁，总裁也一脸惊艳的样子，说他错了，要请我吃饭，希望可以和我交朋友。这让我奇怪到了极点。这一天是在赞美中度过的，就算小有过失，大家都会帮我找出客观原因，总之，就是为了说明不是我主观要犯错。下班的时候，总裁竟然要开车送我，说我不仅气质优雅迷人，而且非常聪明，只要努力坚持将来会取得很大的成就。

“我喜悦又惊讶地把今天的遭遇告诉了教授，教授笑了笑说：‘你看，你平时就是用你前两天遇上的那些人对你的态度对待你身边人的。’我猛然一惊，是啊，一直以来，我总是滔滔不绝地批判别人、指责别人而不自知，我没有想过，别人和我一样，面对指责、挑剔和谩骂时同样很痛苦。见我沉思不语，教授又说，‘我们任何人都没有理由用自以为是的要求去伤害别人，就算我们什么都没有，我们还可以赞美别人，让人开心，别人也会喜欢你。其实大家经常讲的拍‘马屁’就是学会赞美他人，欣赏他人，每个人都有自己的优点和缺点，但只要不是本质问题，就没有什么是不能包容的。像你这么冰雪聪明的漂亮丫头，还有啥是学不会的？顺便告诉你，你去的地方，是我朋友的心理治疗室。’我彻底醒悟了过来，是的，我们没有任何人，有任何理由可以通过言行去伤害他人。家人对自己是最包容的，可是他们都受不了，可见我对他们的伤害有多深。教授让我每天用录音笔或视频来记录自己的言行，听录音和看视频时，我才发现，我说话和发脾气时有多么讨厌，所以我才决定改变自己。我发现我学会赞美别人后，很多顾客就算不美容，也愿意和我聊天，还介绍她们的朋友来，生意慢慢就更好了……”

听完女孩的故事，我为她感到庆幸，但不是每一个人都有机会遇上那样一个教授，更多的时候，我们要靠自己去改变，去反省，只有如此，才能经营好自己的人生。

有一种温柔，是我先对你好

为了和他在一起，她离家出走，弄得众叛亲离。为爱奔走，是女孩最为率真的交付，从此，她的衣食住行，她的喜怒哀乐，全都交付给了这个男人。因为自觉美貌，她相信自己值得他宠；因为她交付了自己的全部，她相信自己可以享受她想从一个男人那儿得到的全部：爱、安全保障以及她期待的一切，如勤劳、上进、有事业心等。但是，私奔后的结局不是王子和公主从此过上了幸福的日子，而是一对贫贱情侣要面对的百事待举之哀，是一个一无所有的女孩从此要和一个一无所有的男孩独立去打拼的难。

她依恋他，在他这儿，她得到了一种被看重、被包容的爱，那是她充斥着暴力的贫困家庭最为缺乏的，所以她尤其在乎。起初，她坚信，只要两人真心相爱，只要他勤奋上进，他们一定可以创造出自己想要的一切，因为看得见希望，所以，她并不畏惧那些暂时的困苦。只是，她没有想到，他虽温柔，却也懒散；他虽有爱，却没有为爱付出的能力，也不愿意为提高能力而努力。

他如此软弱，只想守在她身边，过寄人篱下的日子；他如此无能，两个年纪轻轻的大活人，竟然多次断炊。不是他不想工作，只是没有她的日子，他从来没有正经工作过，根本什么也不会。做什么都很难坚持下去，更多的时候，是没完没了的失业。他也不让她工作，因为他总觉得，她那清秀可爱的样子，会招惹全世界。如果给了她工作的自由，她迟早会离开。

那时的她还不懂得，女人最大的悲剧，就是把自己一生的喜怒哀乐寄托在另外一个人身上，包括最喜爱自己的男人。她总以为，若是他真的爱她，他便应该为他们的共同幸福而努力；若是他真的爱她，他便应该为了她而改变自己。她相信爱的力量足以改变任何人。但他年复一年的沉沦，终于让她绝望了，爱那么无力，以至于连让一个男人去上进去努力的力量都没有；爱那么脆弱，以至于在面对真真实实的生活问题时毫无抵抗力。她到底成为了一个如她母亲般的怨女，见他不早起，便叨叨地抱怨他懒；见他干什么工作都没有坚持力，便叨叨地抱怨他无能；见他沉迷于麻将等不良嗜好，便叨叨地抱怨他不是良人。她曾那么天真地以为自己得了个良人，现实结果却残忍地告诉她，自己遇上的算不得良人。

即使她无数次闹分手，他也没有改变丝毫。当初的温情，当初彼此依恋的甜蜜，在日常的鸡零狗碎的轰炸之下荡然无存。原来，所谓的深爱，竟敌不过最不值一提的琐碎。但是，她是勇敢的，虽又恨又怨，但终不会像母亲那样，只有恨怨，不敢逃离，她决定离开这个已经使她绝望的男人。那时的她，已经明白，爱情，是一个无能男人留住一个女人的借口，如果他没有实际行动，唯一可以让一个女子守在身边的便是甜言蜜语。

打定了离开的主意，她的心理发生了奇妙的变化，竟不再觉得这个男人可气可恨，而是觉得可怜了。他软弱得连对付自己一丁点儿小缺点都没有办法，又怎么能指望他有足够的坚强去承担爱的沉重。她一边寻求帮助，一边收拾自己的物品——一切都是悄悄进行的。因为就要离开了，她不再去看这个男人的缺点，而是去怀念他给过的和正在给的好。越想，越觉得温柔，他虽无能，对她到底还算不坏。在这最后一段时光里，她要对他好，这样，她才能离开得问心无愧。

她不再叫他起床，他要睡到中午，她就默默地做好午饭，再轻柔地叫他洗脸。他爱打麻将，她再也不阻拦。知道他懒，她再也不催什么，只是想着，过不了多少日子了，要对他好一点，只要他不是杀人放火，一切都随他便。打那以后，无论他的行为有多令人窝火，她都告诉自己说，反正就要走了，何必再指望他改变，于是不再抱怨。开始还需要强烈压抑的抱怨欲，随着时间的流逝，她竟然习惯了不再抱怨，并且，不再抱怨之后，心中没了恨与怒，倒不觉得离开是迫切的了。而那个傻男人，只是单纯地觉得自己和她的感情更融洽了，觉得她越来越好，于是某一天发自内心地说，如果自己一人过这样颓废的日子还可以，拖着女友与自己受苦就太不应该了。本来她家就不接纳他，如果自己再不折腾点什么，他拿什么去迎娶他最喜欢的女人？于是，他重新找了一份保安工作，虽然很辛苦，工资也很低，但是，他的心中有了目标，所以，他还是坚持了大半年。然后，他拿着自己的积蓄去学了个驾照，随后筹借了些资金开始跑车。虽然中间波折不断，但两人的小日子，总算走上了正轨。她那些千叨万怨的期待，竟然在她不再苛求之后得到了。

只是上天从来不会嫌众生受的苦少，因为家里始终不认可，也因为她最终发现，他虽已经变好，和他也可安稳一生，但他终究不是那个可以心灵相依的人，所以她还是选择了离去，即使两人都痛苦得刻骨铭心。不是不再相爱，而是爱要以另一种方式存在。既然已经不能相互拥有，那么彼此牢记便成了爱的唯一联系。

但人不会因为一件事就改变自己的全部价值观，她是因为绝望，才放弃了期待；是因为要求了也不会被满足，才放弃了对另一个人的要求。如果另一个人让她重新有了希望，她一定又会去期待他，要求他。因为，那是深烙在骨子里的传统习性。但她以为自己的要求不多，也很温柔很善解人意。其实，她成了个表面温柔体贴，实则严苛到极难相处的人。

后来，她遇到了她的现任—— 一个令她一见钟情的男人，于她来说，他是俊逸出尘、风雅无双的“天神”。苦思两年，再相逢后追求数月，她才终于和他在一起了。原本以为和自己最爱的人在一起，无论怎样都是幸福的事，他不光对她好，还特别对她胃口：浪漫，而且特别有智慧，那是一个博学多才的才子特有的魅力。无论从哪个角度看都比前任好得不是一星半点，前任是十八层地狱里的苦难有情，他是天界衣食无忧的贵公子。按理说，幸福该有的条件，几乎都不缺了，但她却感觉自己依然在痛苦里挣扎，没有丝毫幸福感。她恨他的浪漫总是不对胃口，她明明不喜欢吃甜品，他却时不时送一盒特别贵的巧克力。她怨他总是不懂一个女孩子的喜好，总带她去逛燕莎，总逼着她去试那些一看就是中老年妇女款的服装，他还说简单好看质量好。她也恨他对她的爱不够，一周、有时两周才和她见一次。她说某女明星曾经很漂亮，他说那个女明星太浅薄……因为两人各自所在的地方风俗不一样，所以她的一些行为，他极难忍受，他的一些要求，她觉得完全不合理。两人一见面就为一些陈芝麻烂谷子的事吵架，一再的争吵终于使她受不了了，她负气地提出了分手。或许，自己不适合嫁人吧，她这样想。

好在，她是幸运的，吵架后，他会主动上门道歉，会带她K歌开心，会说以后慢慢改。有一次她生气，手机关机、QQ也不上线，恰好加班到很晚，那夜干脆就没有回去，第二天下午才拖着疲累的身子回家。到家门口时，看见一个优雅敦厚的身影盘腿坐在门前打呼。她叫醒他，他一见她就又吼又急地追问她的下落，说自己从昨天晚上11点就过来等她了，责备她不回QQ不开手机还不回家，她要再不出现，他就要报警了。他到底是在乎他的，大冷天的，他是怎么过的啊，她心里一痛，眼泪就掉了下来："对不起，是我错了。"看着他乌青的嘴唇，她后悔不迭，难道两个人相爱，是为了彼此互相折磨？难道两个人在一起，是为了相互伤害？难道爱情是为了让我们在亲密关系中战胜另一方？难道当初那个让她着迷的他现在在自己心里如此不值得去怜去爱了吗？他只是表达爱的方式在某些方面不如她的意，他只是自己的一些需求与她不一致罢了。

他说："宝贝，我要出差两星期，期间会议很多，这段时间，我就不能照顾你了。"

"啊？"她内心一阵失落，认为肯定是自己对他不够好，所以他不想理自己了。这么一想，不由难过得哭了起来，"我是对你不够好……"

"我是说真的，你看我票都买好了，有好几个项目要处理呢。我会每天都给你电话的，不过手机有点不大好使，可能会莫名其妙地关机，回来我换一个。"确认了他所言不虚后，她心道，也好，两人静一静。

她第一次感受到了他不再每天在QQ上问她好，关心她吃什么的那种失落；也第一次感受到周末没他在身边的孤单；

晚归的路上，没了他的叮咛；深夜的无理取闹，也不再有他的回应。那是寂寞的两周，在那段度日如年的时光里，她才发现，他有多么的好，而自己却总是不断地索要，忘记了自己得到的。她也要对他好，不再无理取闹求存在感，不再提那些世俗标准下的要求，不再期待他非得按自己的期待去行事。是的，她不喜欢巧克力，可是可以分给同事；她不喜欢他挑衣服的风格，她可以说自己更喜欢什么。他给她的，是自由和关爱，她也要给他自由和关爱——就像他就要离开一样对他好。即使分手，她也要他最后想起的是她的好。

那个心理过程和前一次类似。开始是强烈地压抑自己的抱怨欲，后来成了习惯，她把那些恨与怨的时间，都放在了提高自身的知识水平上，从此可以与他聊他最关心的话题。他原来和她是那样欠缺共同语言。虽然一个月总会见两三次，但总是匆匆一餐而过，说话的时间并不多。而现在，只要一有时间，他就会找她，两人永远有说不完的话。他也突然发现，她这儿，不仅可以放松身体，还可以放松灵魂，见她的次数慢慢多了起来。有时，仅仅是中午有一小会儿时间，他也要去她工作的地方看她一眼，聊上几句。她不喜欢买衣服而喜欢自己缝纫，他就给她买缝纫机。她不喜欢吃猪肉，他可以每次都只和她吃素或清真食品——连结果也和前任差不多，当她不再要求时，她原来想得到的，竟然都自己出现了。

这和管理大师彼得·圣吉在《第五项修炼》中说的一个故事多么相似啊：一个人不小心被卷入瀑布下的涡流中间，十一月份的水温很冷，人在冰水中能够生存的时间不超过100秒。这个人被瀑布下的漩涡吸住，于是用尽全身力量向岸边游去。两分钟以后，他的力量耗尽被吸入漩涡底部，然后尸体被抛到岸边。因为对待漩涡的最好方式不是往外游，而是游向中心，潜入底部再游出来，这与我们学会的向岸边游的方式恰恰相反。彼得·圣吉感叹：这个人付出极大的努力想达到的事情，在他放弃努力后两分钟就达到了。

很多时候，我们要换一种心智与世界相处。其实，不是要别人对我们好了，我们才报之以好，我们是可以先对别人好的——像就要离开一样对人好。

她突然想起，自己的父母亲之所以不幸了一辈子，就来自于彼此相争，来自于彼此的争强好胜啊。他们总是想战胜对方，让对方按自己的要求行事，却不知道，如果我们付出的是伤害，得到的回报也必然是伤害。无论是父亲还是母亲，如果其中一人肯主动先对人好，像从此就要分别一样对另一个人好，他们的一生，一定不会有那么多的不幸。

有时候，主动示弱，主动先温柔地对待对方，我们就能终止那个彼此伤害的恶性循环，当然，它需要我们放下一点儿所谓的自尊。

控制他人，不如学会爱自己

一位女士不停地述说自己的苦难，没完没了。

禅师打断她的话：你的苦还真多呀！

女士：别人诉苦最多需要三天三夜，而我需要三年！

禅师：那是什么时候的苦？

女士：前几年。

禅师：那不是过去了吗？为什么还紧抓不放呢？禅师停了一下，又问：你家里的垃圾臭不臭？

女士：当然很臭啊！

禅师：现在垃圾在哪里呢？

女士：扔掉了。

禅师：为什么不把它带着？见到人就拿出来告诉别人“我被这东西熏得难受”？

女士：那多恶心！

禅师：对呀！苦难也是一样，它已经过去了。回忆和诉苦就如同把垃圾拿出来向人展示，既臭自己又臭别人！听懂了吗？

女士：听懂了！

禅师：那以后你还要不要诉苦？

女士：不要了！

禅师：记住：越诉苦越苦，越抱怨越怨。

女士：嗯！

有很多人都和这位女士一样，虽然苦难早已过去，但他们仍旧沉湎在苦难情绪里不能自拔。若从生物本能来讲，诉苦（我把我的苦展示给你看）是一种可以博得一时同情的好办法，有时能简单而直接地解决一些问题，但没完没了地倾诉，就属于心理机制的问题。也就是说，终日沉浸在痛苦里的人，他的认知能力有问题。

说实在的，这种人其实喜欢自己的痛苦，他们试图用自己的苦难来证明自己的正确性，并以此作为打扰他人的合理借口。祥林嫂式的倾诉所能赢得的同情和帮助极其有限，因为人们要各自生活。

其实他们之所以深陷痛苦，是因为他们固守着一种错误的认识：谁谁谁应该关心我，谁谁谁不应该伤害我。这种错误认知，其实是一种偏执的控制欲，最容易出现在父母和孩子，丈夫和妻子之间了。

我认识的一位长辈，就是祥林嫂式的倾诉狂。她一边做着她自己认为的伟大付出，一边责怪自己的丈夫和孩子没有给出她期望的回报。每天早上一起床，就开始抱怨自己的丈夫，先按富裕排行榜把丈夫和熟人比较一番，再按勤劳模范榜把丈夫和其他男人比较一番，随后还要根据体贴榜、性格榜等进行比较，然后得出自己丈夫穷、懒、不关心自己、脾气也不好的结论来；然后又觉得大女儿长得太矮，二女儿学习太差，小儿子智力太弱。只要一有机会，她就不断地说自己家这里不行，那里不好。但日复一日的没有创造也没有回报的“付出”，既享受不到乐趣，也得不到家人认可，所以，她觉得自己太委屈了。

她并没有想过，没有人逼她侍候一个“渣男”，也没有人逼她天不亮就起床为谁忙活，一切辛苦，都是因为自己的“应该强迫症”。她摆脱不了机械重复看不到希望的艰难生活，但又总是心有不甘，于是变成了一个怨妇。她从早到晚挑剔家里每一个人，由于认知的原因，她并不知道自己说的话有问题，以至于每次因此与别人或家里人吵架时，都感觉自己特别委屈。

后来，另一个命比她还苦的远亲找她诉苦，起初她还蛮同情的，还给了那位远亲一些物质帮助，再后来，她几乎是要赶那位亲戚了。我问她为什么，她说："有谁受得了一个人，一和你说话就重复她的苦难身世？"听到这里我笑了："你不也如此吗？"她非常恼怒，拒不承认，因为觉得自己诉的苦都是真实存在并且能随时举证。别人的苦难史倾诉，对她来说是莫名其妙的骚扰，是一个人欠缺最基本自我约束力的表现，她觉得，那些苦难，说给任何人听都是极不妥当的。而自己的苦难史倾诉，是非常有理，非常应该被理解，非常值得相信和同情的。她却不想一想，成人世界里没有容易二字，谁都苦着自己的苦，但是，我们却只相信，自己的苦才是真实的，只有自己的事，才是可以言说的。对人对己，我们的标准差异是如此之大。

时下有一个错误的观点就是：女人倾诉什么或叨叨叨地说什么，需要的并不是解决问题，而是认同。比如一个女孩说男友对自己极不好，列举证据、事实若干，以此证明她说得有理有据。若是有人劝她分手，她却说我不想分啊，怎么办。于是就有“专家”对男孩说，女孩需要的不是解决问题的办法，而是认可。你要认可女孩的委屈，认可女孩的付出，然后多说点好话，让她相信你是关心她的，就能平复她的情绪云云。

我看后不知作何评说，也许男孩按“专家”的办法，真的可以中止女孩一时的哭闹和折腾。但是，只要这个女孩一日把自己的未得到归罪于别人，把对被爱的满足建立在一个男性身上，那么，她永远都会受伤，永远都能找出男孩对自己的不在乎。因为“如果他在乎我的话，就会懂得关心我；如果他真的爱我的话，就会包容我一切有理无理的任性”。

你侬我侬时，他是王子，她是公主，这没有问题。问题是，生活是具体的，具体得每一个人都得先解决最基本的切身问题，如身心、工作、家庭以及其他社交关系，其次才是努力去取悦那个和自己有着亲密关系的人。你若放我在心上，倾了城倾了国又何妨？这样的爱情虽然看上去很美，但恐怕真正的城国倾覆是你我都不愿意面对的代价。

要真正终止这个女孩继续委屈下去的唯一办法就是让她明白：除了自己，谁也爱不了你。一杯水，一口茶，他都无法代你饮，你凭什么让他代你去体验去感受，知道你需要怎么被满足？若你自己都调不出自己想吃的味道来，你凭什么要求别人做得刚刚好？你自己都无法爱自己，别人又如何给得起你想要的爱？何况，你真的可以凭自己的主观臆测去否定一个人的真实心意吗？你非他，你不可能以他的认知和欲求，去体验他在自己关系中的一切。拜托，他是一个独立成长起来的个体，没准儿你闹他没有及时回你信息的时候，他那头正胃痛得无法安睡。

所以，不要以为自己想要，另一个人就应该知道，你就应该得到。我的那位爱抱怨的长辈，便觉得自己想要一个幸福的家，所以丈夫应该为她的想要去努力。她无疑是爱她丈夫的，但由于她总是把自己定位为付出者，定位为牺牲者，所以动不动就用道德去绑架自己的男人，要求他按自己的意愿行事。我记得有个老师说过一句话："永远不要为你所爱的人付出，除非你做得到永远不去提及。"这句话说得多好啊！我们很多人总是打着爱的旗号，理直气壮地控制他人，伤害他人。只要有任何一点争执，自觉牺牲的一方便哭天抢地地说："为了你我如何如何……"如果一个人的选择被自以为是地定义为付出，一旦回报达不到内心的期望值，失望便会产生。可是，我得说，失望的绝大部分原因，在于自己。

换句话说，只要一个人，尤其是女人，如果认为自己被爱的愿望只能通过别人去满足，那么，就不会有什么幸福可言，因为别人生活的任何变量，都会动摇自己的幸福根基。没有人比我们更爱自己，也没有任何人比我们更懂得怎么去爱自己。与其把时间浪费在过往的伤痛回忆里或对他人的抱怨中，还不如去学着爱自己。不要因为自己没有爱自己的能力，就把爱自己的责任强加于他人。

是啊，多少付出者的付出，只是因为没有自爱能力，便把自己的付出当成他人回报爱的条件，结果使得这些付出成了得到者想要逃离的重负。记得一个男人曾经绝望地说过："她是付出了，可是早知如此，还不如她没有付出过。她动不动就拿'我当初为了你如何如何'压我……"人啊，不要自以为是地为任何人付出，因为我们活的，只是自己的选择，无论是为老婆牺牲了爱好，还是为老公牺牲了工作，抑或是为孩子牺牲了自己的发展，一切的一切，只要不是别人拿着刀全程胁迫你这么做的，那么在当下，就完成了平等交换。你不能以为是像钱存了银行，他们必须在某天根据你所期望的利率还清本息。

路，是我们自己在走，没有人能理解我们自己最真实最具体的感受，虽然心理学家可以简单地给我们提供一些欠缺执行性的建议，但别人不可能以我们的认知力去体验我们经历的一切。可是，有谁天生就知道我们想要的一切，并按要求给我们一切？没有！终极的被爱需求，只能由自己去满足。这个世界上，只有唯一的一个应该，你应该自己爱自己，并且因为要爱自己，所以，要去提升爱的能力，你若给不起自己想要的爱，就会受苦。

不要纠缠于过去，不要对未来充满不合理的期待，否则，就是累了别人苦了自己。

真正的幸福是你有能力终止相互伤害

很多事情，总是知易行难。我们要把心智模式切换为强者模式，首先要面对的就是强大的本能惯性。在新的心智模式建立之前，我们只能慢慢地，一件事一件事地去建立新的认知。

主动终止伤害的强者模式所遇到的第一个障碍是不甘心和凭什么。

因为自己付出了没有得到相应的回报，我们会不甘心，然后报复。因为自己被伤害了，我们要斗一口气，所以一定要回以伤害，这样我们的内心才会平衡。为了这种内心的平衡，我们甚至愿意付出比当初的伤害严重无数倍的代价，直到某天后悔莫及，我们才会去反省，那时或赌或斗的一时之气，真的那么重要吗？

如果我们从汉字字形来看，赌，即是以财物做注，去博一个输赢。斗本是量器，后来引申为战斗，是因为一斗之器量，实在狭小，所以才那么不包容，不宽恕，一点点什么都要一争到底啊。因为生命的认可本能，使得我们很容易觉得自己是正确的，因而强迫他人接受自己的观点，于是产生了看起来很不可理喻的赌气和斗气。

据说，上海有一名男子，从虹桥区千里堤打“板儿的”到佳园里，在上车前和司机谈好了价钱，下车后，这名男子却少给了“板儿爷”一元钱，嘴里还念叨着：“这点儿道也就值这么多钱。”“板儿爷”心中恼火，接过那钱后撕了个粉碎，还回敬说：“打发穷鬼啊，没钱还坐车。”这一句话把乘客激怒了。为了证明自己是“大款”，该名男子从身上掏出一张百元大钞当着“板儿爷”的面儿撕了起来。“板儿爷”不示弱，也从包里掏出一张百元大钞与男子对撕。

这种事大约只会发生在没有契约精神的人当中了。两人本来谈好了价钱，虽然略高，但双方在执行前都确定过了，契约已定。但那乘客因为自觉不值而违约。那乘客在意的，不是那一块钱，而是心中不值的感觉。当我们对一种东西产生不值的感觉时，就会觉得自己被骗了。而正是这种被欺骗的感觉，会引发一连串的本能性自卫反击。我们在乎的不是物质层面的损失，而是精神层面的智慧人格被侮辱和意志被操控，因此而生出种种证明自己的智慧人格并不比别人低下，意志也不会轻易被他人操控的非理性行为来。

《沉思录》说得好：“一般情况下，很多人并不介意自己的运气、性格和气质等被人超越，但是，没有人愿意在智力上被人超越，因为智力是人格之王，任何缺陷都可能因为智慧的光芒而被忽略。”是啊，智慧是人格之王。我们那么在乎自己的智慧人格，是因为智慧是我们认知世界、改变命运的唯一倚靠。无论生活多么穷困，长相多么不佳的人，都可以因为自身善于发现和应对危机的智慧而拥有属于自己的幸福。无论生活多么富有，长得多么光彩夺目，都有可能因为欠缺最基本的处世智慧而败光资产，过着落魄的生活。所以，如果我们发现自己被骗，首先产生的是人格被侮辱的感觉，这种伤害是所有伤害中最深的。这就是为什么我们容易对欺骗念念不忘，有的甚至不惜以身败名裂为代价去报复。

曾经有一个演员，因为她那仅有一点本能思考能力的脑子观察到一个传说中的表象：别人都是靠着潜规则上位的，只要她也潜，使劲潜，不停地潜，总有一天能让“潜龙在渊”变成

“飞龙在天”，再不济也能“见龙在田”，傍上个对自己有利的大人物。所以她不断地在制片、导演和编剧中游走，只希望有朝一日潜到位，可以名利双收。结果让她崩溃的是，那些潜她的男人只完成了单方面的口头契约，却没有兑现承诺。

她没有搞明白一点，人家成功的原因是因为更合乎制片商的利益诉求，或人家本来就合乎角色需要，或人家能带来更直接的投资价值。

女人有一个娇好的容貌，总是讨喜的。但我们无法选择自己的基因。一如她那样容貌平常的女子，在这样一个视觉系的行业里，并没有任何优势。如果自尊、聪明，知道别人要什么，自己能给什么，或许可以平心静气，找到一条适合自己的路，做一个实力派的演员也未可知。但她偏不明白，非要心浮气躁，总想着一夜成名，一次又一次地委身于人，肆意践踏自己作为女人的尊严。当一个女人自轻自贱如此，谁还会认真对待他对你的承诺。她在这条路上越走越远，连回头的想法都不曾在脑海中闪现。见达不到目的，她崩溃了，变得歇斯底里。她把她的那些经历公诸俗世。可惜，她没有伤害到别人，反倒让自己更加声名狼藉，她亦不只是可悲而是可恨了。她的人生境遇是不难预见的，想在演艺路上发展下去，难；想从良嫁人，难。唯一的出路是：放下曾经如此卑贱的自己，放弃不劳而获的思想与凭借所谓的捷径成名等非正当思维，从此勤勤恳恳地努力从低处做起，也许还有一片属于自己的天地。

这一切都是她自己的错，错在把孤立、片面的表象，当成需要一连串必然因素才能产生的结果的唯一因素。她把自己的全部希望都寄托在了既无道德支持又无法律约束的潜规则上，而当她的期望一再落空，人格一再被践踏后，心中伤痕累累的她不是反省自我，而是选择了报复。“可怜之人必有可恨之处”，若只是偶尔的伤害，或许问题不是来源于自己，但一连串伤害袭来时，我们就一定要去反思我们的性格、思维和内心，而不是去实施报复，来让别人知道他们对我们伤得有多狠。

这个演员，是一个欠缺最基本生活智慧的典型，她的疯狂反扑，唯一能证明的是她有多么缺乏力量，多么容易受伤。伤得有多深，才纠缠得有多执着。那些没完没了地纠缠过去的人，都是因为，他们伤得太深，为追求所谓的公正，实施所谓的报复，成了他们作为弱者无能为力的反扑。

或许，还有人知道那个怒沉百宝箱的杜十娘，为了报复李甲的负心，她选择了死亡，以让那个负心人内疚一辈子。她唯一能依恃的伤害力，是让施害方的良心有愧（我死，你会难过很久甚至一生），这是一种最绝望、最无能为力的报复。而有的人则会以牙还牙，以眼还眼，你不让我好过，我也不会让你爽。今天你在同事面前说我长得丑，明天我就和我的朋友们说你哪儿哪儿有多可笑的缺陷。这也只是受伤后的报复。如果你虽伤害过我，但我依然拥有幸福的能力。我的幸福，因为你的存在，变得更加珍贵。这才是对施害者最好的“报复”。

虽然我自觉在前面已经很清楚地讲明白了以德报怨的逻辑，但我还是想在这儿提及一个令我景仰的人——一个很了不起的，有能力自动终止伤害并且形成她独特人格魅力的智慧女性。她从一个小小的化妆品销售员，到美容业专线产品大腕，有着价值数十亿资产的公司与工厂，产品畅销全国，其人生不可谓不成功，其经历不可谓不传奇。为了避免广告嫌疑，我称她为F女士吧。

F女士是我那可爱的脾气不太好的妹妹的前BOSS，漂亮自然是不必说的，像我这么挑剔的人见着那样一个优雅精致的女性，都惊为天人（绝非一帮小花旦的肤浅之美能比）。因为嫁了一个有钱人，她有阔太太的条件，却没有做阔太太的心——若是她安于普通的阔太太生活，她是可以拥有富足且快乐的一生的。但她不想只做一个谁的谁，若用范冰冰的话说，就是“嫁什么豪门，我就是豪门”。她有自己的事业目标，放弃了享受豪门夫人的舒适，选择了自己出来打拼。

可惜，丈夫需要的是一个安于家庭生活的妻子，只要她照顾好公婆，打理好孩子。他不希望她抛头露面，因为，她想要的一切物质上的东西，他都可以提供。但是,F女士要的，不是物质上的享受。她的出身虽然不是豪门，但也是书香世家。有着一个哲学家式的父亲和一个文学家式的母亲。生活虽然曾经很清苦，却没有对物质的执念，因为打小起，哲学家父亲就告诉她，所谓的世界，只是物质的不断化合，她只是恰好在此时，以他的女儿的方式存在。文学家母亲告诉她，人活一世，如果都不曾为自己的意愿而坚持过，等于白活。她的“奇葩”母亲支持她叛逆，她的“奇葩”父亲觉得她怎么着都好，只要自己愿意接受自己选择的结果。

她是自由的，没有任何来自原生家庭的障碍，她也是有底气的，因为她知道，自己只需要对自己负责。所以，在孩子满周岁后，她选择了重新工作——做一家化妆品公司的销售员，那点工资，可能还不及她身上一件衣服的钱。因为她的不肯为家庭安分守己，丈夫有了怨言，后来，他竟然出轨了，甚至把第三者带给她看，但她没有放弃。由于努力，由于过人的能力，她很快成了大区经理。由于自己是从第一线闯过来的，她尤其知道女性最关注哪方面的问题，所以她开始自己做一些产品的代理，慢慢地积累起了一批庞大的客源和关系网。再后来，觉得代加工的产品，没有自主研发的那样更合乎市场需要，她又决定投资开化妆品工厂——除了早期的生活费，她没有用过有钱的老公一分钱。

我不知道作为一个女子面对老公的背叛，被迫与第三者同时面对自己老公的不堪得有多痛苦。我只知道，在面对被伤害时，她没有责备，没有抱怨，也没有选择离婚。我妹妹说，你知道吗，如果F总和她老公一起，她一定是温顺的。无论他有多凶，无论F总老公是不是带着他的情人，她对他，永远都那么温柔。她甚至还当着他情人的面，给他系松了的鞋带……

起初我是很困惑的，老公那样待她，她应该离婚才是。她又不靠他活着，最好让他有多远滚多远。以她的光彩照人，背后不知道有多少追求者，F总何故如此委曲求全？也许是机缘巧合吧，有一阵我想逃离出版业，恰好妹妹希望照顾我，让我到广州去，她帮我找工作，安排生活，于是便去了。因为一个特殊的庆典活动，我见到了这位F总。虽然已经不再青春，但确实是一位温婉如玉的精致佳人。

也许因为与会者绝大部分是女性，F总特别提到了自己的那段伤痛，面对公婆的不理解和老公的背叛，她也曾痛不欲生。当她从别人的角度去看自己所承受的一切时，当她发现一个人进行自主选择必然会遇上的问题时，她虽然痛苦，但很快就明白，那些怨与难，都只是因为，伤害她的人觉得先受了她的伤害。她不想纠缠在这些伤害里，所以，她在面对种种责难与报复时，没有选择你做初一，我做十五。她说，如果先生真的要离婚与情人结连理，她也会送上祝福，因为，自己给不了先生想要的幸福，唯一可以为自己最爱的人做的是给他寻找幸福的自由。她说这天，是她最爱的老公的生日，但是她却没法陪他过，因为可能已经有人在为他庆祝，不需要她的祝福。她说的时候，在哭。

她并不是以此来告诉那些女性代理商，要留住容颜可以用F系产品，她只是想说，任何时候，最幸福的事，不是可以没有痛苦地享受什么，而是可以忍受着一些痛苦，去接受追求自我时必须承担的代价，然后好好地做自己。她爱老公，亦爱事业，因此做不了家庭主妇，因此可以包容他的出轨，接纳他可以从别处找到幸福的事实。

她说了一句让我再也不会遗忘的话："幸福就是，你有能力终止可以预见的相互伤害。我是一个婚姻失败者，但我觉得，我没有不幸福。我给不了我爱的人想要的，我就得接受他可以在别人的怀里快乐的事实。"无论这段话是演说，还是真实情况，我都相信，这样一个女性是智慧的。无论她之后会如何，都不可以抹杀她作为中国化妆品公司少有的成功大腕之一的事实。她不是一个传统意义上的贤妻，也没有多少时间给孩子，但是我相信，她是幸福的，因为她选择了自己想选择的，并且愿意承担选择的后果。

很久以后，我听说，他和她离婚了，和那个年轻漂亮的小情人在一起，但是没有多久，他就因受不了小情人的思维方法和生活习惯而与之分手了。经过了这样的折腾，他才明白，能让两人继续走下去的是相互尊重，而不是让一个人成为另一个人的全部精神世界。F总或许不是一个好家庭主妇，但却是一个好老婆。没多久，两人又复婚了，他不仅不再干涉她，甚至考虑要给她的公司投资。从此，妇唱夫随，感情竟然比没有裂痕以前还好。

幸福就是拥有终止伤害进行下去的能力，当伤害出其不意地到来时，我们可以坦然接受，从容面对；幸福就是，因为伤害的到来，而发现自己拥有的多么珍贵……

第二章

永远要有心疼自己的能力

这个世界谁也不欠你，你也不欠谁

这世上没人欠你什么，没有谁理所应当对你好，所以诸事不顺的时候，别只会怨天尤人。不管旁人的人生同你的人生如何纠缠交错，你的人生始终是你自己的。既然是你自己的生活，你就要自己做主，也要自己负责。别人不欠你什么，所以你要习惯别人对你说“不”。

每年到了三、四月份，各种招聘会如同雨后春笋般冒出来，不管是公交车上、地铁上，还是街上，都可以看到各式各样拿着简历找工作的毕业生。因为我住的地方离一个大型招聘会的会场特别近，因此有时会有求职的朋友过来借宿。有一次来的是个即将毕业的女孩，是我母亲介绍来的，说是一个远方亲戚的亲戚，反正沾亲带故的，让我照应着点。

既然是老乡，而且还有点亲戚关系，那就没理由把人往外推。反正我那还有间客房，收拾收拾比小旅馆强多了。拿到女孩的电话后，我先和她联系了下，女孩在电话中吞吞吐吐地说，她第一次来北京，我是否有空去火车站接她。我看了下日子，那天刚好有个会，实在没空，就让她自己坐车到我家附近。挂了电话后，不一会儿我妈打电话过来了，她说人家孩子头一次出远门，要是走丢了怎么办？

我当时想，这都大学快毕业了，就算是去陌生的地方也该知道怎么办啊，怎么可能丢？结果我妈一听来劲了，举了几个女大学生上出租车后失踪的例子，吓得我寒毛直竖，觉得让人小姑娘自己来的确不太妥当。向我妈做出保证后，我又给女孩打了个电话，告诉她当天会去火车站接她。电话那边，女孩明显心情转好，声音里都带着笑。

那天，我顶着压力向老板请了半天假。在地铁里挤了半天，总算是到了火车站。因为事先看过照片也约好了碰头的地方，因此很顺利就接到了人。女孩叫小月，有些怯生生的，叫了我声“姐”后便不说话了，看着有些内向。坐出租车回家的时候，我问她想找什么样的工作，她一脸茫然，说是先投简历看看。好不容易回到家，放好东西之后，我便带着她去吃饭。

回家之后，我将电脑让给她查招聘信息，我去自己的房间看电视。晚上九点多，小月敲了敲我的房门，让我教她做简历。我有些诧异：既然是出来找工作，简历应该之前就做好了啊，怎么现在才忙着做？不过既然她这么说了，我自然要去看看。

打开她自己做的简历，怎么说呢，虽然是份简历，但是平淡无味。我并不是指格式，而是她填写的内容。需要强调的专业技能和社会经验写得非常简略，而并不一定要填上去的籍贯之类的，又写得太多了。跟她说要怎么改后，小月睁大眼睛一会儿看我一会儿看电脑，一副无从下手的样子。没办法，我让她站在一边，自己坐下来帮她修改。折腾了半天，总算是弄得差不多了。看着她哈欠连连，我忙让她先去洗澡早些睡。

小月拿着衣服进了浴室，我站起身忽然意识到，她没跟我说“谢谢”。不仅是刚才，我从火车站回来帮她提了一路箱子，又带着她吃饭之后，她都没说。我觉得有些别扭，因为我自己是一个习惯向人道谢的人。不过再一想，可能是小孩太内向了。再说我作为“姐姐”，帮帮她也没什么，要是计较她这个，反而显得我太小家子气了。这么一想，我也就释然了。

第二天一大早，我还在做梦，就听到敲门声。拿着手机一看，才早上六点多。迷迷糊糊打开门，小月已经站在门外了，问我可不可以陪她去招聘会。我说："招聘会就在附近啊，你出门左拐一直走就到了。"她咬着嘴唇不说话，明显不是因为找不到路才叫我的。我看小姑娘那架势，只好认命，换衣服洗漱。以前听过有父母陪着孩子去招聘会的，没想到我三十岁不到就能过把家长瘾了。

带着小月吃完早点又带着她打印了简历后，我们直奔招聘会。我看了下时间，才早上七点半，其实还早，招聘会一般九点多才会正式开始。不过小月显得非常着急，尤其是看到场外已经有不少人排队后，不耐烦地说："不该耽搁那么久的。"话里话外，竟有几分埋怨我的意思。我有些哭笑不得，这还怪我了，就算六点就在这了，会场也不会开门啊，还不是要白白等几个小时。好不容易等到会场开门，我望着滚滚人潮，对她说："你自己进去行吗？我在外面等你。"小月勉强地点点头进去了，我在旁边的小公园等她。

之所以不陪她进去，是因为依照以前求职的朋友们的描述，里面挤得水泄不通，根本不是自己在走，而是被人挤着到处飘，即便我陪着进去了也帮不上什么忙，因此还不如在外面等。

临近中午的时候，接到快递的电话，让我回家取下快递。因为不知道小月什么时候出来，这里离家又近，我便先回家了一趟。才放下东西洗了把脸，小月的电话就过来了，我刚接通，她便问我在哪，我说在家呢，马上过去接她，她语气生硬地说自己回来，之后就挂了电话。小月回来后，似乎心情不太好，吃饭的时候也不说话，问她面试的结果，她也爱理不理的，我有些生气，她要是我妹，我只怕已经训上了。不过想想也不过是刚出校门的学生，又不是很熟，何必和她计较。

第二天我醒来时小月已经出门了，想来是去招聘会了，我也没在意。想到她远来是客，之前我们一直是在外面吃饭，反正是周末，干脆做些好菜等她回来了一起吃。可让我没想到的是，直到下午五点多了，小月还是没回来。一般到五点多，招聘的单位都收拾东西离开了，找工作的人也差不多都走了，小月就是面试了好几家那也该回来了啊。我有些急了。忙给小月打电话，可是打了一个又一个，就是没人接。这下我是真急了，什么"传销""绑架""诈骗"之类的，一股脑地涌了出来。要是小月真的出了什么事，我怎么向她父母交代啊？想到这，我锁好门就往招聘会跑。

招聘会那里人都散得差不多了，只有几个环卫工在打扫会场。我边里里外外找人边打小月的电话。这次倒是接通了，小月的声音传过来的时候，我才觉得心落了回来。我问她在哪儿，她说在招聘会遇到同学了，正在一起逛街，待会再回去。我问她怎么不接电话，她说电话在包里没听见，之后又说了几句就挂了。

那天小月回来后，手里拎着大包小包，脸上带着笑，看样子玩得很开心。吃饭的时候，我跟她说："以后要是去哪里，先跟我说一声，不然我会担心。"她有些不以为然，笑着说她都认识路了，丢不了。之后的几天，我都忙着上班，小月不是在家投简历，就是跑各种招聘会，不过一直没有面试通知。她有些不安，自信心似乎受了打击。我告诉她耐心再等等，因为从投简历到面试通知出来总有个时间段。

转眼间小月已经来了一个星期了，面试了几家单位，都不是很满意。这天她对我说要回学校了，我问她："要不多待些日子，干脆把工作的问题解决了再走。"她摇摇头说，一起来的同学都要走了，她也不想留在这边。既然她都这样说了，我也只好帮她收拾东西送她去车站。

虽然相处得不算太愉快，但是能够帮到家乡人，我还是觉得很高兴。让我没想到的是，我和我妈通电话时，我妈说小月的家人怪我怠慢了她，说如果我用点心，小月也不会急着离开，说不定早就找到工作了。甚至还说，既然大家是一个地方的，妹妹过去找工作，做姐姐的就该多用心，帮她打听打听。

挂掉电话之后，我心里很不是滋味。我很想告诉小月，这个世上，没有谁非得对你好。扪心自问，我觉得自己已经尽力了。诚然，我比不上她的家人，可是，我也不是她的家人。我不欠她什么，对她也没有任何责任。即便我不收留她，不帮助她，也并没有什么不对。

也许，你已习惯了身边的人待你好，你习惯了你的同学每天帮你占座打饭，你习惯了你的父母为你操劳付出，你习惯了这个社会对学生、对年幼者的各种包容照顾……可是，你不能将这种习惯视为自然而然的事。或许别人对你好时，并没有期待过你的回报，可是你也不能将之视为他人理所应当该尽的义务。这个世界不欠你什么，你没有资格挑剔别人对你的付出。

当你目睹别人集万千恩宠于一身的场景时，你是否羡慕命运之神对他的垂青？当你对别人提出要求而对方没能及时帮到你时，你是否怨恨别人铁石心肠？当你因为能力不够不得不拒绝别人的求助时，你会不会持续几天为此而闷闷不乐？如果生活中你经常出现以上情况，那么你该警惕起来了：你很有可能不能正确地看待人与人之间对等的关系。

其实，当你想抱怨别人对你不够好时，不妨自问一句：对方凭什么要对你好。这个世界谁也不欠你什么，你也不欠别人什么。我们都是社会上的独立个体，或聚或散，就像自然空间里面的两条直线，或相交或平行。当缘分到来，两人聚在一起，有收获是惊喜，没有收获是应当。

所以说，当别人要求你做事的时候，你不一定非得点头，因为你不欠别人的。当你要求别人帮忙的时候，别人也可以拒绝你的要求，因为他不欠你的。

圣洁的梅花并不需要主人将其放到温室里面，只是独自在墙角暗吐芬芳；石竹甘于生长在险峻峭壁中，并不自怨自艾。人生如一场历练，若有能控制自己内心欲望的能力，自然能活得潇洒自由。

以自己喜欢的方式做自己喜欢的事

很多人终其一生，都用“别人爽—我不爽”的模式活着。或是为了父母的期待，或是自以为是地为了伴侣和孩子。结果反倒因为这些并非自己的真实诉求，弄得心里苦不堪言。由于认为自己在付出，所以会期待相应的回报。他人又那么难以操控，所以我们处处失望。于是愤怒，于是抱怨，相互之间粗暴以待。其实，在我们一生中，最深的责任，除了赡养父母、照顾伴侣或抚养孩子，为国家或社会做一些贡献，还包括遵从自己的内心所求。

青春时，我们特别在乎别人的看法，或许这和生殖本能有关——谁都只想找更优秀的人繁衍下一代——所以我们无时无刻不想表现出最佳状态，以求得更好的恋爱对象。但我们又只能从别人的眼光里感受自己是否真的足够好，所以，我们不仅非常在意别人的眼光，而且非常在意是否有足够多的眼光追随。但随着时光的流逝，随着心智的慢慢成熟，我们逐渐学会不那么介意他人眼中自己的形象了。我们终将在某一天发现一个真相：原来他人的眼里也许根本没有我们。

记得有个人曾说过这样一句话：我发现，其实我的发型如何，只有我自己和我老婆在乎。是啊，我们只是在自我世界里最重要，想想你这一天，会花多少时间去为一个人的人品费心思？除非这人和你有重大交集或你非常想和他有交集。

我们每天都会遇到很多人，可是，我们真的有印象的——他发型很好，她的鞋子很漂亮——有多少？或许偶尔有，那也只是一转念罢了。我们自己都不想关心别人，只想自己看上去更优秀，别人何尝不是如此？

可惜啊，愚蠢的我们，于成长的过程中，经常在无意识中被形形色色的社会规则同化了。于是，从我们“懂事”起，就开始小心翼翼地修正自己的思想和行为，希望自己能够成为一个人皆欣赏且喜欢的完人，但我们却很少去思考，用这肉体凡胎去承担圣贤者的光环，是否会感到窘迫，是否会感到窒息。你希望你的脑门贴上“成功人士”的黄金标签，你希望你脑门贴上“最受欢迎”的钻石标签，但很具讽刺意味的是，当你终于殚精竭虑地给自己贴上黄金标签、钻石标签时，你却发现周围的人无不在做同样的事情，没有人欣赏你脑门上的标签，是不是得不偿失？

我们总想得到他人的接纳，总想得到他人的认同，总想满足他人的期望，因此付出的代价，是无尽的惶恐、痛苦、纠缠，是对自己失去了认可和接纳。难以想象一个总是为他人的要求而活的人该有多痛苦。这样的人，即便拥有再多，也不会真正快乐。世界上没有两片相同的树叶，也没有相同的幸福。

个体的独特性给我们的最大启示是，要想拥有生命最深的安全感和幸福感，我们首先要学会拒绝那些不适合自己的幸福要求，因为不会有第二个人能像你一样了解自己的渴望和需要。这就是为什么，我们用不断牺牲、委屈自己去换取别人的理解和信任时，等着我们的，往往是巨大的失败和难以想象的失落。

有没有人欣赏不是花开的理由，也不是我们生命的理由，接纳自己从来都是我们每一个人天生就有的权利。可笑的是，有那么一部分人，无论过得多么艰难，都不肯放弃和自己的博弈。这种对自己的拒绝，其实是对自身价值的不肯定。由于在自己身上找不到足以支撑独自前行的能力，找不到独自面对未知恐惧的能力，所以我们会不断向外寻求与自己同行的伙伴，寻找归宿，寻找安全感。

在充满变故、境遇难测的人生征途中，我们如此不安，如此渴望被他人接纳，所以我们才会委曲求全，结果自然不言而喻——在一次次自我与外界的冲突中挣扎，当然，这也说明我们从未放弃自己；在一次次战役中，我们也品尝到了战胜自己的快感，这说明我们可以做更好的自己；在一次次削足适履的过程中，我们因牺牲而骄傲，因为我们感觉成为了自己的主人……一首歌这样唱道：“不管与你的路有多苦，擦干眼泪告诉自己不准哭，我不怕谁说这是个错误，只要你我坚持永不认输。”

如果为了自己而改变自己，那么，我们会成为自己想成为的人。但是，很多时候，我们改变自己只是因为希望成为别人；我们努力成为更好的自己，其实是因为没有勇气成为更真实的自己；我们希望做自己的主人，是因为我们希望压抑展现真我的渴望以及渴望未被满足的苦闷。

很多时候，不是命运太残忍，而是我们没有逃离牢笼的勇气。有一位极有文学天赋的人，他喜欢卡夫卡，喜欢克尔凯郭尔，希望自己某天能在文学艺术上有所造诣。但是他报考大学时，父亲无视他的个人心灵需求，强迫他报了自己根本不感兴趣的地球物理系。他是个逆来顺受的孩子，自动自发地学习，从来不惹事儿，在高考之前，他对父亲几乎百依百顺。但在报考专业上，他头一次和父亲大吵了一架，他想上中文系，父亲却逼他选了地球物理系，从那以后，那个阳光活泼的他消失了，取而代之的是一个内心愤懑无比的负面的人。

他无数次想自杀，直到中年还郁郁不得志。我想，如果他的梦想没有被横刀切断，至少，他成为一个一流的学者是没有问题的。但可惜的是，他认为，自己的人生轻而易举地被“为自己好”的父亲摧毁了。

真是这样吗？假如他真的愿意坚持自己的心中所想，可能他的父亲也奈何不了他。正常来说，父权永远不可能超越父爱，是我们不够相信自己，抗争才显得那么没有力量。

所以，从你看到这本书起，开启我爽—他们不爽模式吧。别人爽—我不爽的痛苦是一辈子的，我爽—别人不爽的模式只会让他们不爽一阵子，哪个划得来，就一目了然了。

路要怎么走，只需要聆听自己的心声即可，心灵是我们唯一的导师，在生命的旅程中，我们只需听从心灵的召唤。或许我们无法成为一国的总统、无法成为首相、无法成为亨利·福特，但是我们不能成为的人，正是我们不需要成为的人。我们完全可以成为一个歌唱家、成为一个画家、一个自己喜欢的自己……

谈到我爽—别人不爽的生活模式，似乎很容易让人理解成为所欲为。比如，我觉得打游戏爽，我觉得不劳而获爽，我觉得我啥也不做爽，结果让身边的人受苦。亲爱的，我爽—别人不爽这一生活模式，不是说好逸恶劳、为所欲为，而是说，在承担法定与伦理上的合理责任之外，我们可以按照自己的喜好，去做自己喜欢做的事。别人不能帮你活，你也不能帮别人活，你为什么要为别人的愿望去委屈自己？

有些路，只能一个人走

人外有人，天外有天，没有人会活得一无是处，也没有人能活得了无遗憾。比较之心，能把你从天堂拖进地狱，也能把你从地狱拉上天堂，关键看你是俯视还是仰视。比上不足比下有余，一味比上会痛苦，一味比下会堕落。我们用不着向别人证明什么，要光顾着看别人，会走错自己脚下的路。不要羡慕你不想成为的那种人，表面的风光背后，其实有着你难以想象的艰难甚至难以承担的恶果。虚荣是生命不能承受之重。

前一阵，一个花季女孩告诉我，因为羡慕别人的奢华生活，她走上了一条错误的路，而今后悔莫及。由于出生于农村，且家境是家乡最贫困的，所以她从来没有穿过新衣服，所有衣服，都是拣姐姐已经穿过的或别人送来的旧衣服，见别人穿着时髦，自己永远那么老土，她的心里十分痛苦。

后来，她到城里打工，有次去一家服装店看上了一件衣服，由于没有钱买这么贵的衣服，又不舍得脱下，便请求为这个服装店工作，以换取那件衣服。老板一眼就看穿了她的浅薄虚荣，告诉她只要愿意与他相好，店里的衣服可以随便穿。这个从来没有穿过时尚衣服的女孩，当晚就委身于猥琐的老板了。以色侍他人，能得几时好？没多久，店老板就厌倦了，她连生活都没了保障，只好一次又一次地委身于男人来换取一些延续性命的东西。

由于长相漂亮，她被另一个以男人为生的女人相中，于是开始了她游走在高富帅之间的时光。虽然，她并不想成为这样的人，但生活标准一旦提上去，就很难再降下来。习惯了奢侈生活的她，根本不想放低姿态，过一份平淡而朴实的生活。为了钱，要她和男人做什么都可以。谁的青春不多情，虽然，她以骗男人为生，但到底对一个长相俊美心地善良的男孩动了情。可惜的是，当她满心欢喜地筹备自己和心爱之人的未来时，现实却狠狠地扇了她一耳光：由于打胎次数过多，她已经失去了生育能力。由于伴侣过于繁杂，她得了只能从此看着自己青春美丽的皮肤一寸寸慢慢腐烂下去的病。

声名狼藉的她，求天不应，叫地不灵。历经万般生不如死的折磨，她才终于明白，自己所挥霍的，不仅仅是一段属于青春的黄金时光，还有不可重获的健康资本。连笑一笑都疼的时候，她才终于懂得，身安、心安即是福。

一个人所有的得到，都是自己付出的回报。

一个人所有的感受，都只有自己才完全知道。

一个人生命中所有的责任，也都只能由自己承担。

但是，在这个世界上，绝大部分人对自己人生责任的担负，却完全处于被动状态，他们之所以把这些视为自己的责任，不是出于自觉的选择，而是由于习惯、时尚、舆论或情感需求等。有的人偶然从事了某种职业，长期从事以后，因为薪资和发展问题，他们不敢改行，把从事这种职业当作了自己的责任，他们从来不会尝试真正适合自己本性的事业。有的人看见别人发财后大肆挥霍，便觉得自己也有责任拼命挣钱、花钱；有的人成天纠结于别人怎么看自己，终日谨小慎微地为各种评价而活，从来不曾认真地想过自己的人生使命究竟是什么。

有些路，只能一个人走。我们唯一能拥有的，只有经历。在这段经历中，只有我们自己去拼去闯去发现，去经历去体验去承担，才有可能真正找到属于自己的幸福。天下所有的励志书，告诉我们的都是去发现自己。

记得曾经看过这样一个故事，说一个生意人，把全部财产投资到一种小型制造业，由于世界大战爆发，他无法取得工厂需要的原料，只好宣告破产。他大为沮丧，于是离开妻子儿女，成了一名流浪汉。对于这些损失，他无法忘怀，有一阵儿，甚至想要跳湖自杀。

一个偶然的机会，他看到了一本名为《自信心》的书。这本书给他带来了勇气和希望，他决定找到这本书的作者，请作者帮助他再度站起来。当他找到作者，说完自己的故事后，那位作者却对他说："我已经听完了你的故事，希望我能对你有所帮助。但事实上，我却没法帮助你。"流浪汉的脸立刻白了，他低下头，喃喃地说道："这下子完蛋了！"

作者停了几秒钟，然后说道："虽然我没有办法帮你，但我可以介绍你去见一个人，他可以帮助你东山再起。"刚说完这几句话，流浪汉立刻跳了起来，激动地抓住作者的手，说道："看在老天爷的份上，请带我去见这个人。"

于是作者把他带到一面高大的镜子面前，用手指着说："我介绍的就是这个人。在这世界上，只有这个人能够使你东山再起。除非坐下来，彻底认识这个人，否则你只能跳到密歇根湖里自杀。因为在你对这个人有充分的认识之前，对于你自己或这个世界来说，你都只是个没有任何价值的废物。”

他朝着镜子向前走了几步，用手摸摸他长满胡须的脸庞，对着镜子里的人从头到脚地打量了几分钟，然后，他退了几步，低下头哭泣起来。

几天后，作者在街上碰见了这个人，他变得几乎让人认不出来了。他的步伐轻快有力，头抬得高高的。他从头到脚焕然一新，看起来就是一副很成功的样子。“那一天，我离开你的办公室时，还只是一个流浪汉。对着镜子，我找到了我的自信。现在，我找到了一份月薪三千美元的工作，老板还预支了一部分给我供家人生活。我找回原来的自己了。”他风趣地对作者说，“我正想告诉你，将来有一天，我还会再拜访你一次。我会带一张支票，签好字，收款人是你，金额由你填。因为你介绍我认识了自己，幸好你让我站在那面大镜子前，把真正的自己指给了我看。”

接纳自己，是我们的义务；发现自己，是我们自己的责任；给自己幸福，是我们的权利。那些给予不了自己幸福的人，别人也给予不了他们幸福。

你羡慕的人也许不是你想成为的人

很多时候，我们羡慕的那些人，其实不是我们想成为的那种人，我们之所以羡慕他们，不外乎两种原因，一是他们比我们有钱，二是他们看上去比我们成功。由于这两个原因，我们常常违背自己的真实意愿，去做那些自己既不喜欢也不擅长的事，结果，我们把自己弄得苦不堪言。

小时候自己非常爱看书，所以觉得当编辑是件极幸福的事。在红尘打滚多年，念念不忘的是当一个编辑，看很多书，然后成为一个作家。后来，我如愿以偿地成了一个编辑，其间的琐碎、纠结几乎多次使得内心脆弱的我崩溃。有时，定一个书名要折腾几个月，有时，定一句文案要折腾几个月。有时，好不容易把一本书折腾到出片的境地，却又因为市场或别的原因终止出版。我敢说，这几乎是我干过的最折磨心智的工作。当年只做简单而重复的单调工作时，那种可以走神的自由，那种你只要下了班就可以安然入睡的坦然，已经成为再也不可能拥有的快乐。当然，我并不是说我后悔做编辑了，恰恰相反，正是因为深爱这个行业，我才能在平庸里坚持这么多年。

没有那些生不如死的折腾，我现在只会是一个世俗的妇人，纠结在日常生活的琐碎里，为丈夫的不上进或花心痛苦，为子女的不听话和学习成绩不好痛苦。我想说的是，任何事情或结果，都绝不是由单一因素或条件构成的。编辑是要看稿子，但是每一个稿子都要看七八遍，就不是简单的让人享受的自由阅读了，很多不尽如人意的稿子的重复阅读，是能让人厌倦得吐血的。

除此之外，编辑还必须是个有着良好策划能力的策划人，这样才能选出合乎市场预期的稿子；编辑还必须是个有着良好说服力的人，这样才能在众多的竞争者中，说服高傲的作者，抢到心仪的稿子；编辑还必须是一个有着极佳提炼能力的人，能把一本厚厚的稿子的精华，用最准确、最打动人心的方式提炼出来；编辑还必须是个有着良好营销能力的人，把稿子最精华最精彩的部分成功地推向市场。每一个要求，都可以“枪毙”一大批人……很多事情，并不像我们想象的那么简单。

如果我们羡慕一个人什么，一定要去分析，自己羡慕的是别人拥有的，还是那个实现拥有的过程。是羡慕俞敏洪成就事业的荣耀，还是羡慕他不屈不挠、历尽艰辛的过程？是羡慕李嘉诚有钱，还是羡慕他白手起家，终于成就一个商业帝国的艰苦卓绝？是羡慕乔·吉拉德的名利双收，还是羡慕他干过四十几个行业，被骗得血本无归后，不得不以卖车为生，最终成为一个伟大销售员的过程？

以心为镜，我们才会知道自己究竟要什么。因为一时之困而产生的欲望，不是我们的快乐保障。

我认识一个男生，非常希望成为一个基金经理，因为这个岗位待遇很好。他来问我的意见，我说：你干不了。他很意外我为什么这么武断地下结论，他学的是金融，强项也是金融，当初选择院系为的也是成为金融家，很多高深的金融理论他都懂，我怎么说他干不了呢？我告诉他说，如果你准备好五年的艰辛，放下高傲才子的身份，也许会有机会出人头地。

他没有听我的劝说，固执地去了一家证券公司做客户经理。一年后，再次见到他时，他已经离职了，成了失业者中的一员。他这时才知道，当时自己以为的高薪，以为靠知识和才华就可以得到的东西，全都只是他一厢情愿的幻想。由于起点高，他放不下身段回答自己管理的那些小散客户的简单又重复的问题；由于出身普通，他也不可能马上就发展出大客户；由于过于自傲，就算偶有机会，也因为不能勤力跟进，失去可以发展的客户。原来，支持一份高薪的，是资源与执行力，而这两种，他都没有。

所以，我们羡慕别人时，不要忘记问问自己的真心究竟羡慕的是什么。

大约因为我们都有从众心理，在还没有弄清自己的目标时，很多人都喜欢以别人为榜样要求自己，以别人为对象进行攀比，以别人特别是富人为镜子来看待自己。别人用奢侈品显摆自己，我们也觉得自己必须有奢侈品。但以别人为镜子，照出的通常不是自己啊！这让我想起伟大的科学家爱因斯坦的故事来。

小时候，爱因斯坦的父亲和杰克大叔去清扫一个大烟囱。那烟囱只有踩着里边的钢筋踏梯才能上去，于是杰克大叔在前，爱因斯坦的父亲在后，一级一级地爬上去。下来时，杰克大叔依旧走在前面，爱因斯坦的父亲跟在后面。当他们走出烟囱的时候，杰克大叔的后背、脸上全都被烟囱里的烟灰蹭黑了，而爱因斯坦的父亲身上连一点烟灰也没有。

爱因斯坦的父亲看见杰克大叔的模样，心想自己的脸肯定和他一样脏，于是就到附近的小河里洗了又洗；而杰克大叔看见了爱因斯坦父亲干净的样子，就只草草洗了洗手，然后大模大样地上街了。街上的人笑痛了肚子，还以为杰克大叔是个疯子呢！这是爱因斯坦16岁时，他父亲给他讲的一个自己亲身经历的故事。父亲说："其实，只有自己才是自己的镜子，如果拿别人做镜子，白痴或许会把自己照成天才的。"

很多时候，就是因为我们自己不知道自己想要的是什么，一味以别人为镜，以别人的要求或世俗中的某种标准去生活，才过得那么迷惘和痛苦。生命的活力，思想的创造力，都被圈禁在了别人的要求或我们以为的他人期望里。以己为镜，才知心所求。只有我们清楚地知道自己想要什么，不想要什么，才有可能忘却那些看似美好却不适合自己的精彩。

其实，人生匆匆，一朵雨荷的初颜，抵不过易老的时光。在为别人而活的日子里老去是人生最大的悲剧。愿明天依然年轻的我们，不再总想着生活给人看，也不再总看着别人的生活。拥有或不拥有世俗标准中的某些东西，并不能证明自己是幸福的，以别人的幸福作为自己的参照物，也不会真的弄明白自己想要的幸福是什么。

很多事，只能以脚为尺，以心为镜，走过、经历过、感受过，我们才会知道那些究竟是不是自己想要的。

因为脆弱，所以不肯示弱

世间最痛苦的其实只有一种人，那就是内心脆弱的人。他们不敢按照自己的意愿来活，又不愿按照别人的意愿来活。因为他们害怕失去自己仅有的一些掌控力，失去他们已经拥有的一些东西，又不得不终日被迫按照别人的要求行事，在妥协中痛苦，在无力改变的现实面前抱怨世界不是自己想要的那个样子。痛苦，产生于自己不愿面对与无力改变。

人之所以内心脆弱，是因为不知道自己的价值所在，所以不知道自己要坚持什么，为什么而活着；所以也不知道要为什么而努力，只好按照世俗给定的要求而活，根据自身最本能的愿望而活。因为逃不出惯性思维的束缚，他们便认为自己非常需要当下环境所提供的一些生存保障，如家庭——无论和睦不和睦；如工作——无论喜欢不喜欢；如其他一切社会关系——无论自己需要不需要。

或许很多人会说：我不能那么自私，只顾自己的感受，我有自己的责任。

为了不惹父母不高兴，忍受着你左右看不顺眼的妻子，尽管心里恨不得她快点从自己的生活中消失，却依然不得不勉为其难地与她生活，忍受着她无尽的唠叨与抱怨。

为了孩子有一个健全的家，你忍受着贫困和一个天天打你的丈夫，虽然你那么痛恨自己当初有眼无珠，遇人不淑，无数次想自行了此残生，但是你却依然忍受着贫苦，忍受着那个不良人的折磨。

为了保住一份稳定的工作，你忍受着工作的艰苦和一些难缠的同事，虽然你万般不喜欢这份工作，从一睁眼开始就感到绝望就想逃离，可是你还是拖着疲惫不堪的身子，苦着脸去地铁里“挤照片”，唯一的所求是不迟到，这样一来，虽然没有什么绩效，还能落个全勤。

为了家中某个人的期望，你放弃了自己喜欢的清贫但自由的生活方式，从此过上了物质丰富但却毫无自由的痛苦生活。无论你有多不愿意接受被安排，但是你知道，那是家人为你好，他们不想你受苦，所以你也放弃了自己去经历去体验甚至是去受苦的权利。

……

用“为了别人……”来解释你安于痛苦的理所当然，你是不是觉得自己很伟大很了不起？你这么不诚实地活着的目的，仅仅是因为你不想接受自己只是一个普通人啊。你无力反抗强悍的惯性，又需要一套说辞来说服自己心安理得地痛苦下去，不去寻求生活的另一种可能。人生有时不过是在计较中抉择利害而已，两利取其大，两害取其轻，你之所以愿意担负那么多的委屈，是因为它能给你带来更多的利，无论是身体的，还是心灵的。

你为了父母而忍受妻子，不外乎两个原因：一是自己无能，找不到更好的妻子，又必须有一个妻子给二老交代，所以你才忍受一个你不喜欢的妻子；二是你依赖父母，也许父母能给你更多的物质保障，也许你只是不想别人说你不孝敬，为了满足世俗对孝敬的要求，你不得不委屈自己，选择牺牲个人的愉悦来成为世间的好人。这和你父母无关，和世俗无关，也和你不得不忍受的妻子无关，因为做出选择的，是你自己。

你为了让孩子有一个健全的家，然后在贫穷中忍受着丈夫的暴力伤害，看上去，你是委屈的妻子，了不起的母亲，其实，你只是无能。你害怕你一个人给不了孩子幸福，你害怕你一个人会忍受不了世间的白眼，你害怕你一个人将来无法给孩子交代。虽然你拥有得很少，少得让你极度痛苦，但你害怕一离开，连这仅有的保障都要失去。所以你虽万般不满，却拒绝改变。种种对不确定性的担忧，让你成了自己固有观念的奴隶。

你为了保住一份表面上还算凑合的工作，忍受着不好不坏的待遇，忍受着前程不明的惶恐，也忍受着工作过程的痛苦和与同事相处的不融洽。这一切的一切，都只因为，你认为自己没有能力找到一份更好的工作，你不得不忍受下去。家人还期待你这份薪水支付日常开支，你也需要这笔钱维持最基本的生活。因为工作是凑合的，所以你无法享受工作过程的乐趣。因为你为了一点儿钱不得不出卖自己的时间，你成了时间和金钱的双重奴隶，所以你非常痛苦。

而一个痛苦的人是不会有内心调适力的——不然就不痛苦了——没有内心调适力则意味着，因痛苦而产生的愤怒，必然会激发我们的自卫性反击。但由于这种反击看上去针对的不像真正让自己痛苦的对象，所以我们以为，那只是一种简单的痛苦发泄或排解。著名的踢猫效应，看上去描述的是一种典型坏情绪的传染过程，但事实上，它描述的却是因为痛苦而产生的无法压抑的自卫性反击。由于我们欺软怕硬，所以，我们选择了弱者来进行本能的自卫性反击。这种欺软怕硬会由金字塔尖一直扩散到最底层，伤害力最弱小的对象就会成为最终的受害者。

比如，某公司的老总一大早因和老婆吵架，负气上班，到了办公室里还余怒未消。恰好有位业务主管要汇报工作，老总极不耐烦地说："这点事自己都解决不了。我要你干吗？"这位主管碰了一鼻子灰，悻悻地回到了办公室。这时，主管手下的一位办公室主任有事要请示他，主管极不耐烦地说："这种事情还来找我解决？你自己怎么不多动动脑子？自己想辙去！"这位办公室主任碰了钉子，感觉很沮丧。下班回到家刚坐下，儿子想问他数学题，他气呼呼地说："就你事儿多，一边儿去！让我清静会儿！"儿子被爸爸的无名火搞得很郁闷，正要灰溜溜地走开，却被自己一向很宠爱的小猫绊了一下。儿子正窝着火气没处发，冲着小猫就是一脚，"讨厌，没见我心烦吗？叫什么叫？一边去！"猫逃到街上正好一辆卡车开过来，司机赶紧避让，却把路边的孩子撞伤了。

从公司老总到可怜的小猫，构成了一个伤害力逐渐减弱的金字塔。如果我们的伤害力比伤害我们的对象强或差不了多少，我们就会直接反击。但如果我们的伤害力与伤害我们的对象相差太多，我们无力迎战，这种自卫本能就只能发泄在弱者身上。

那些给你提了种种要求的亲人或爱人，或许其间有一两个表现得较为强势，但他们的伤害力，实际上与你相差不了多少。所以，你一边为了什么而委屈自己时，一边就会出现因为内心受伤而产生的各种自卫性攻击情绪，这会使你变得易躁、易怒——从此，你以一个付出者、被伤害者、牺牲者的心智模式活着，心中常常充斥着种种被逼无奈。你不明白，你其实是在以“我是被逼无奈的啊”的受害者模式来拒绝面对需要承担的代价。这是一个你怎么定义自己，世界就怎么定义你的世界。当你以一个受害者的心态去面对生活时，你就已经成了生活的受害者。当你以牺牲的姿态去面对世界时，你会真的被牺牲。

虽然世间确有一些痛苦，是我们怎么努力都无法让其消失或减缓的，但那只是由不可抗力因素导致的少数情况，大多数来自人际的痛苦，却完全可以通过我们的主观努力避免。

但我们往往看不清自己真实的诉求，总是把必须为安全感所付出的代价当成牺牲，我们才那么痛苦。

鱼和熊掌不可兼得，既然选择了当下的舒适（你会说你很痛苦啊，既然你不改变，就意味着你害怕改变会带来更大的痛苦，此时虽苦，相比之下，依然是较舒适的），就得承受因此带来的自我意志压抑。即使如此，我们的内心也不必因此暴烈不安，我们完全可以主动终止踢猫效应产生的恶性循环，在自己安于的平淡世界里，拥有一份稳稳的幸福。

只要我们知道他人的自私是可以理解的，他人的一些攻击，纯粹属于无法自主的本能，我们就能拥有一份强大的包容力，也因为如此，我们就能把自己的心智模式切换为强者模式，让自己变成一个可以终止任何伤害的强人。

让你低到尘埃里的人，不如趁早放手

张爱玲说："女人在爱情中生出卑微之心，一直低，低到尘土里，然后，从尘土里开出花来。"

因为爱，她觉得胡兰成是世间最好的男子，他的一切无人企及。遇到了他，她一次次地放低自己，把自己看成一朵渺小的花。他若看到了，她便心生狂喜；他若没有低头，她便永远地埋在尘土里。

一个充满才情的女子，一个冷傲倔强的灵魂，在遇到了所爱之人时，竟没有了飞扬与高贵，生怕自己做得不好而失去他。从上海跑到温州，低眉顺眼地坐在他跟前，只为听他说上五六个小时的话。她的低微与狂恋，最终没有成就她的幸福。

在这一场爱情的对决中，张爱玲输了。她输掉的不仅仅是所爱之人，还有那一颗高贵的心灵和从从容容的姿态。爱到卑微，真的不是一件伟大的事。卑微换不来爱情，也换不来平等与尊重。爱再怎么可贵，也不足以让女人牺牲自己，放弃尊严。

相比张爱玲，玛格丽特·米切尔爱得更高贵。

玛格丽特生来就有一种反叛的气质。成年后的她，因为一时冲动，嫁给了酒商厄普肖，可惜这段婚姻不久便以失败告终。与其说是厄普肖冷酷无情、酗酒成性毁了这段婚姻，不如说是因为玛格丽特的婚姻爱情观的缺陷。她太迷恋厄普肖了，简直就是一副仰天崇拜的姿态，如此卑微的爱，助长了厄普肖的狂放不羁，他对玛格丽特越来越不在乎。

这场失败的婚姻，让玛格丽特明白了女人在婚姻中的平等性。之后，她很快重新振作起来，又与记者约翰·马什结婚。玛格丽特打破了当时的惯例，在门牌上写下了两个人的名字，她说："我要告诉所有人，里面住着的是两个主人，他们是完全平等的。"更奇异的是，她坚决不从夫姓，这让守旧的亚特兰大社交界大为惊讶。

幸好，约翰·马什也提倡夫妻之间的平等。与他结为夫妇，是玛格丽特的幸运。马什一直支持和深爱玛格丽特，在他的鼓励和支持下，玛格丽特开始默默从事她所喜欢的写作。十年之后,《飘》正式出版，她一夜成名。

在爱情里，同样不卑微的还有《傲慢与偏见》里的简和伊丽莎白。

简·奥斯汀，班纳特家的大女儿，虽不是商家贵族出身，却从不卑微。从接到宾利妹妹的信，到去伦敦想“巧遇”宾利却无果而归，再到宾利上门问候却没有任何表示，她燃起的希望一次次地被熄灭。可是，无论她内心多么煎熬，她看起来仍然波澜不惊。直到宾利鼓足勇气扔掉所有的客套与礼貌，大声表达他的愧疚与歉意时，她露出了笑容与感动。在一个贵族男子跟前，她没有自卑，不哭不闹，端庄温柔，坚守着“无论你是谁，我还是我”的淡定，着实令人敬畏。这一点，她跟简·爱有雷同之处，不同的是，她的气质里更多的是淡雅。

伊丽莎白，班纳特家的二女儿，个性迷人。在那个只能靠嫁个有钱男人改变自我价值的年代，她坚守着自己的爱情观，不因出身平平而趋于权贵，也不用金钱衡量爱情，在傲慢的达西面前，她没有丝毫的自卑与怯懦。

爱得软弱而卑微的女子，永远不可能成为幸福的女人。

因为她给自己挂上了卑微的名字，在感情里是一副讨好的姿态。可惜，这样的姿态，只能换来冷淡和忽视。你爱得越是卑微，越会加快他离开你的步伐，甚至让他尽可能地调动并利用你的爱，骗取你的金钱、柔情和各种社会资源，从中获益，再将你一脚踢开。

30岁的她，在海外工作，单身一人。

一次旅行中，她认识了他，一个40岁的单身男人。他是某公司的区域经理，常年在海外工作。当时，她对自己的工作不是很满意，留意到他所在的公司很好，便用心与他接触。旅行中，她帮了他的小忙，他也记住了她。之后，他们就在网上联系，又相约一起出去旅行了几次。渐渐地，两人关系熟了，她如愿地进了他的公司，并在他下辖的区域工作。

起初，她只是想利用他的关系。可接触多了，她发现他人品很好，周围的人对他评价也不错。就这样，她爱上了他。他对她也不错，知道她对自己的崇拜，工作上也很照顾她。看着他的面子，领导、同事也照顾她这个新人。她弟弟出国留学，因为钱不够，他出了一半的学费。

他也有缺点，脾气暴躁。因为工作上的一点小错，他就能把她骂哭。可他又不忌讳别人知道他们的关系，当着同事的面让她下午帮他去办一些私人的事。他很少与她交流感情，唯一的交流方式就是肌肤之亲，她觉得很受伤。因为，她已经把他当成了爱人，工作上帮不到他，可在生活上却极力在照顾他。

她从未直接表达过自己的爱，他也没有。她有点自卑，有男孩追求她的时候，她故意让他看到。可他，并不是那么在意。也许，是因为追求他的女人太多了。她心里明白，也许自己根本就不是他结婚的选择。他聪明沉稳，她迷糊幼稚。他出生高贵，她却只是平民之女，他不会选择这样的女人做妻子，他的家庭也不会允许。

她经常会陷入痛苦中。她想：为什么要继续维持这段感情？为什么自己还要深陷其中？每次知道他与其他女人的故事，她都会做噩梦。可是噩梦之后，又要假装什么都不知道，因为他从未给过自己承诺，她怕自己的生气和嫉妒徒增他的烦恼，惹得他厌恶，最后让他们的关系结束得更快。

她把自己的故事讲给一位情感女作家听，问作家自己该怎么办。女作家只回了一段话："我爱得很安静，却从不卑微；我也会走得很干脆，但那不是绝望。作为女人，永远不要爱得卑微，只有把自己当成珍宝，男人才会如此对你。"

后来，她决绝地辞职、离开。她对他说："我爱不起不爱我的人，我的青春也爱不起。我的微笑，我的眼泪，我的青春，只想为我爱的也同样爱我的人挥霍。"

无论爱情还是婚姻，都需要平等和尊重。每个女人都该做心理上的女王，而不是灰姑娘。哪怕你再爱一个人，哪怕他真是高贵的王子，也要保持理智的头脑，保持一份做女人该有的骄傲，不要过分殷勤，也不要急于讨好。爱得不卑不亢，才能赢得男人的爱和尊敬，才能掌握爱情的主动权。

拿得起放得下，不为过去的事挂心

很多你心心念念觉得自己会铭记一生的事，往往在不经意间就被你遗忘了。不管你曾经多在意，多介怀，这些已经过去了的事都将变得不再那么重要。生活往往是这样，新的事物总是在取代旧的事物。

事实上并不仅仅是过去的事，就是发生在此时此刻的一些事情，也远没有你想象的那般重要。太过重视旁人的看法就是给自己戴上了一个无形的枷锁，即便旁人什么都不做，你也会将自己带入绝境。

我认识一个很敏感又很内向的姑娘，她渴望和周围的人打成一片，也试图融入过人群，可是因为不得要领，她总是进入不了自己想进的圈子。久而久之她放弃了，变得越来越孤僻。她总是觉得周围的人都看不起她，别人聚在一起聊天，偶尔看了她一眼，她就会变得紧张兮兮，觉得他们是在说她坏话。确实，她刚进公司的时候，有几个人在私下评论过她两句，但在职场上这种情况屡见不鲜。

因为总是胡思乱想，她越来越讨厌和别人接触，对别人总是充满敌意。不管别人说什么做什么，她都觉得对方是在嘲讽她。她有时候会说自己已经被逼得穷途末路了，可是真正逼迫她的，从始至终只有她自己而已。

如果没有办法放下痛苦，那么痛苦将永远缠着你，让你不得解脱。因为你不放下，就无法忘记，每一次的回忆对你来说都是一次打击，即便伤口已经愈合，也经不住你一次又一次将它撕开。

其实仔细想一想，有的人之所以会特别在意别人的看法，归根到底还是因为自己不够自信。不自信的人总觉得自己不够好，总觉得自己不如人，总觉得所有人都会看到自己出丑，总觉得自己一时的难堪会被人记住一辈子。可是真的是这样吗？很多时候念念不忘的不是别人，而是你自己。大家最爱关注、最多关注的都是自己，谁会特意记住你的那些糗事呢？你缺乏什么，就会在意什么。你越在意，就表示你越缺乏。

想要忘记一件让你觉得痛苦的事，最好的方法不是自我催眠，而是不去想它。在人的一生中需要关注的事情太多了，当你将注意力集中在更有价值的事情上时，你已经在不知不觉中将那些令你难堪又难过的事情忘记了。这个世界瞬息万变，没有人会一直关注你，而你永远是自己的中心。

认识的一个女孩，她暗恋过一个男孩。这段暗恋整整持续了三年，她什么也不说，只是默默地喜欢着对方。从二十岁到二十三岁，身边的朋友恋爱了又失恋了，甚至有的都已经结婚了，她还是一个人独来独往。眼看着就要大学毕业了，她终于听取了朋友的意见，决定跟男孩坦白。那天她鼓足勇气撕开了那层纸，对方听后沉默良久，然后说："我一直都知道啊。"这句话让她一直耿耿于怀，相较于失恋的痛，更令她难以忍受的是对方将她那些小心思都看在眼里却什么都不说。她觉得自己就像个小丑，自以为隐藏得很好，却早已被人看穿了。

这件事，她很长一段时间都难以释怀，只要回想起那句话，她就觉得心里堵得慌。一天又一天，时间并没有冲散她的痛苦，反而让这份郁结越积越深。虽然她知道感情这种事根本没有办法勉强，但她却开始怨恨对方了。她用最大的恶意去揣摩对方的心理，以此来给自己泄愤。可是事后她又感到后悔，不明白为何自己会变成这种人。

终于，她忍不住向自己的朋友倾诉，朋友没有和她一道痛斥那个男孩，也没有笑她小肚鸡肠，而是让她别再想这件事，先将这件事放在一边，等一个月后再回头看。她尝试着做了，一开始真的很难，告白之前，她习惯默默地想他，告白之后，她习惯默默地恨他。现在要将心头这块大石头挪开，并不太容易。不过她还是努力去转移自己的注意力，一天、两天，不知不觉一个月过去了。当再次见到朋友时，她才发现自己已经有一阵子没去想那件事了。之后过了半年，过了一年，有天她早上醒来，忽然发现自己已经记不清楚对方的脸了。她以为自己这辈子都不会忘记这件事，也不会原谅对方，可是在不知不觉中，她早已经放下了，也意识到当初的自己是多么不可理喻。

没有什么是不能放下的，如果你足够重视你自己，那么旁人对你的影响自然会减弱。不要将外界对你的影响想得太过强大，一个人要如何生活，一个人能如何生活，靠的还是自己的内心。如果你的内心足够强大，拿得起放得下，那么将没有什么会纠缠你，没有什么能阻挠你。

相信自己，对自己好一些，不要将自己困在那些不值得你纠结的过去中。人生路很长，与其纠结过去，不如珍惜此时此刻，不如重视未来。

第三章

生活对你粗暴，是因为你锋芒太盛

一切皆理所当然，接受才能改变

他和她结婚了，裸婚，租房，不被父母和亲人祝福。

因为她离异有子，因为她家境贫困，没有人理解他的心理状态。他出生于书香世家，博学多才，还有着不凡的仪表，即使不娶白富美，找个门当户对的未婚女孩是件轻而易举的事，谁也不知道他看上了她哪一点，因为她甚至都算不上漂亮。但是他依然执着地结了这桩“买一送一”的婚。

他想多挣点钱，他要为自己爱的女人承担一切生活的艰辛，之前的她过得太苦了。所以他辞去了待遇还算不错的工作，去做了服装销售。三年过去了，买了房子，也买了一辆不错的车，妻子在幸福中期待他们自己的孩子出世。过往不接受他们的家人，而今也承认了他们的婚姻。整个世界似乎都在分享他们的幸福。

但是，人生如股市，不会总在高处，也不会总在低谷。一天夜里应酬完，在回家的路上，他遇上了车祸，从此失去了一条腿。妻子的安慰，朋友的慰问，不仅不能减轻他的苦恼，反而使得他更加暴躁。从前那个温柔、体贴的丈夫没有了，取而代之的是一个失意的家暴男。好多次把妻子打得卧床不起，然后又跪地道歉。他们自己的宝宝也因此早产了。

有人劝妻子离婚，虽然她再婚有子，但还是可以找到一个至少不打他的男人。她拒绝了，因为当年的他，不顾一切地和她在一起；因为过去的他，为她创造了现在的物质安稳。她曾经是穷得连奶粉钱都没有的人啊，是他陪着她一起一把屎一把尿地把孩子拉扯大的，她怎么可以在他最艰难的时候离开？

他常常叫她滚，声称净身出户也要和她离婚。她很痛苦，但不是为自己，是为自己不知道怎么安抚，才能抚平他内心的创伤。在外，她努力打理好他的生意；在家里，她忍受着他没完没了的脾气。那一次，他又开始砸东西，她没有像以前那样躲避，而是迎了上去说："老公，如果打我让你开心，你随便打。但是，可不可以在你打累之后，和我说说话？你那么爱我，我那么爱你，即使你是植物人，我也要守着你。

于我来说，你是我内心的安全感，知道吗？就算你什么都不做，只要可以看见你，我就觉得心安。”他停住了打她的手，忽然发现，她变得好憔悴，打理生意，照顾孩子，忍受他的打骂，这一切的一切，她是怎么挺过来的？！

她继续说：“你给了我生活的勇气，我也要给你生活的勇气。”他看着她眼里的坚决，自卑的心忽然有一点温暖。那一个月，他没有说话。只是看着她出去，看着她疲惫地回来。看着她独自一人哄他们的孩子，一股内疚感升了起来，他竟然让自己的宝宝早产了。她也发现了他的变化，他不再叫骂诅咒，每天都会努力地练习用假肢行走。再后来，他重新站了起来，这时，他才发现，虽然略有不便，有一些事自己确实做不了了，但是他还可以做很多别的事。腿不好使，但脑子好使。于是，他开始鼓捣服装设计，多年以来的销售经验让他发现，很多服装的设计并不人性，他找准了那块市场，慢慢地在网上卖自己设计的服装。由于独特，由于更加人性化，他的网店的生意，比实体店还要好。

看着那个伴自己老去的女人，他心里说：感谢你，我的爱人，那一场众叛亲离的后果，我没有白承担。原来，只要心里相信自己不是无依靠的，只要自己的心愿意温暖起来，很多灾难，其实可以挺过去。经过了这一切，他想明白了一个道理：如果自己的心不愿意接纳温暖，世间有再多的温暖也无法温暖自己；如果不相信自己有温暖自己的能量，心里多渴望温暖，也无法主动让自己温暖起来。她给了他最低谷的支持，但是，让结冰的心融化，是他自己的成功。原来的他，渴望依靠自己，然后依靠自己打造出了一片属于自己的天地；后来，他失去了让他自信的自己，整个世界似乎都崩溃了。一天，他无意中在电视里看见一只失去半条腿的信天翁，残疾一点也没有影响它飞翔，他心一动：信天翁失去了腿，可这不妨碍它飞啊。他豁然开朗，做不了一些事，还可以做另一些事。腿疼早就好了，自己那么痛苦，是因为害怕妻子嫌弃和众人异样的眼光。

遭遇重大挫折后，你是不是非常痛苦，觉得命运对自己不公，看一切都不顺眼？

没有一个人的成长是毫无波折的，正是因为有了挫折这个“壮骨剂”，我们的人生才有了无数种可能。每个人的成功与失败都是自己可以把握的，困难与挫折是我们成长中不可避免、不可缺少的“壮骨剂”。从困难与挫折中走出来的人才会更坚强、勇敢。智慧是在应对困难与挫折中获得的，乐观的人生态度也会由此而生。只要我们勇于面对困难，及时地疏导心理恐惧，就能走出缺陷和挫折，重新向自己的人生目标进发。

接受，才能改变。他接受了受挫的事实，重新对人生进行了选择。所以，他改变了从此痛苦一生的可能。重大缺陷或灾难，确实是我们生命不能承受之重，但是，一味沉浸在对这些事实的怨恨中，只会让我们永劫不复。有一个女孩，因为自己脸上受过伤，所以非常自卑，总是觉得别人会歧视自己。结果成天用被迫害妄想症患者的方式行事，把日子过得苦不堪言。其实，很多时候，我们之所以那么不接受，是因为我们放不下世俗的标准。

纽约州有个盲人州长，叫大卫·帕特森，他的故事非常具有启迪性。

帕特森出生在纽约西南的布鲁克林，长期生活在纽约的哈勒姆黑人居住区。他是个不幸的孩子，仅3个月大时就因眼部感染，导致左眼完全失明、右眼近乎失明。他的人生记忆是从黑暗开始的。他的父亲是个知识分子，看着爱子遭遇如此劫难，心疼之余，下定决心好好培养他，孩子眼睛已经盲了，绝不能让他心盲。于是，他决定把自己的孩子当作正常孩子来对待。有了父母的疼爱，帕特森的童年过得还是很幸福的。

转眼到了上学的年龄，父亲决定让帕特森像正常的孩子一样上学，只有这样，才能培养出正常的心智。但是，纽约市几乎所有的学校，都拒绝接收帕特森进入正常班级学习。他的父亲也动过妥协的念头，但一想到孩子从此就会被贴上盲人的标签，便又下定了送他入学的决定，纵然是倾家荡产，他也不能放弃帕特森。皇天不负有心人，在长岛的一所学校，出于敬佩这位父亲的坚持不懈，校长勉强答应了接收帕特森，不过他只能在正常班级试读。于是为了帕特森上学，他们举家搬到长岛定居。

对帕特森来说，上学是一个极大的挑战。尽管此前他接受了父亲的训练，熟悉家里的每一个地方，只要是在家里，帕特森便和常人无异。可是在学校毕竟换了新的环境，他一开始确实很难适应。但帕特森知道机会难得，且他深知父母为了给他争取这个机会付出了多大的努力，即使他十分难过，也只会一个人将头深深地埋进被窝里哭泣。父亲看着他红肿的眼睛，自然心疼无比，但父亲还是严厉地说：“你必须学会坚强，这才是男子汉，才会让人瞧得起！”他抹了一把眼泪，和父亲拉钩，并且保证，以后绝不会让父亲失望。

他视力极其微弱，斗大的字都需要仔细分辨才能认清，阅读异常困难。所以，于他来说，首要的是抓住上课时间，聚精会神地听老师讲课，而在老师停顿的空闲和课间的休息时间，他就反复地揣摩老师所讲的内容。睡梦中，他的脑海响起的是老师的声音，有时，他半夜里大呼小叫地把父母吵醒，还在求解老师布置的思考题。慢慢地，他的记忆力变得好得出奇，听过的东西都能牢牢记住。课堂上，他是最积极的一员，赢得了同学们的一片喝彩。学校的一些演讲比赛和话剧演出，他都会踊跃参加。

因为全心忙于学习，他的体质越来越差。一次体育课后，他因头昏摔倒在地，吓坏了同学。这一切惊醒了他——不能只关注学习了！为此，他每天早早地起床锻炼身体，并加入了学校篮球队，还跑马拉松。终于，他练出了结实的肌肉，每天的精力都异常充沛。这时，老师和同学们才发现，他是学校最活跃的一个学生，他的优秀令视力正常的人也为之汗颜。

长期以来，他既不使用导盲犬和拐杖，也不戴黑色眼镜，外表看起来与近视者无异。他在近距离仍可辨认人的相貌，而且能记住别人所说的话，通过听声音就能很快辨别出对方。他还常常和一些朋友说起连他们自己都已经忘记的话，令他们惊讶不已。而和朋友们一起外出，他更是朋友们的记忆器。帕特森引起了美国媒体的广泛关注，没错，以帕特森这样一个盲人，却能活得比大多数人都优秀，这是多么令人敬佩啊！

虽然有不少有肢体障碍的人活得都更艰苦，但还是有如张海迪、霍金等了不起的人物，他们都是因为接受了自己的残缺，才活出了精彩的人生。试想，若是一个人在成年后，因为某种事故引发了后天视力残疾，他不接受自己已经失去某些功能的现实，不愿意从更低的起点重新活出来，这是多么不智。其实，生活中的大部分痛苦，都是因为过于在意他人怎么看而产生的。任何一个人，只要愿意接受那些不能改变的现实，放下世俗的幸福标准，不去猜想他人会怎么歧视自己，什么样的人，都可以拥有一份只有自己才能体味的快乐。

一切绊脚石，都是因为你视为绊脚石，才成为绊脚石的，如果你把它视为垫脚石，那么，你完全可以抬起脚来，把绊脚石踩在脚下，让它成为你的垫脚石。

生活对你粗暴，也许只是你以为的幻想

一天，我吃饭的时候，无意间看到了一档名为《我是丑女》的节目，看完之后，我不由感慨万分：一些心灵伤害，完全是我们自己制造的，外在伤害虽然存在，但若我们并不迎接，并不走向那些伤害，也是完全可以避免的啊！

节目中，一名女孩一再强调，因为自己长得丑，所以大家都看不起她，领导爱整治她，同事爱挑剔她。若是见人交头接耳，她就会十分生气，觉得别人又在嘲笑或批判自己。总之，全世界的人都和她过不去，所以她一心想整容。她去隆了鼻，依然不是美女，内心十分痛苦。

我看了看这个女孩，长相说不上有多丑，至少四肢齐全，肢体修长，五官也还算端正。只是脸上有部分肌肉的走势损坏了作为一个青春女孩的阳光，那张脸的表情，充满了委屈

以及怨恨，但那不是普通的委屈与恨，因为她的表情带着一种狠。其实，她要是不总觉得自己委屈，再加上适当的修饰，是可以让面部表情不那么狠的，但可惜的是，她总是怨气冲天。她虽然爱打扮，却不讲卫生，虽然穿着一身鲜亮惹眼的粉裙，但那头发油乎乎的，一看就知道至少一周没洗过了。虽然我并没在她身边，但却感觉有一股臭味袭来。我心里说道，天呐，你给人的感觉不是丑，是臭啊！

她说，质检部的人总是故意挑她的错。但质检部不就是挑错的吗？但她却把质检部的正常工作当成了针对她的挑剔。

她说，领导总是找她的麻烦。但同事们却说，别人被领导批评都是虚心接受，只有她是个刺头，会跳起来，说领导是故意针对她，要找上级领导投诉，要向世界要回属于自己的内心平衡。

其实，当我们觉得周围人都不好时，真正的问题却可能出在我们自己身上。我们要做的，不是去抱怨世道残忍，而是去反省自身，究竟在哪方面出了问题，弄得天怒人怨，所有人都与自己为敌。我们应该明白，我们所得到的都是自己所做的一切的回报。

心理学家和她做了两个游戏，一个游戏是他与主持人看着她说悄悄话，另一个游戏是打人游戏。于是，他和主持人耳语了一番，然后问她："你觉得我们刚才在说什么呢？"

女孩笑了笑："肯定是说我的长相问题和穿着问题……"

心理学家笑了："你听到我们说的话了吗？"

女孩说："没有。"

"那你听到过那些喜欢说你坏话的人说的话吗？"

"没有。"

"也就是说，你并不知道人家说了什么，但你却主观地认为，他们一定是在说你坏话。"心理学家继续解释道，"其实我们刚才讨论了一下晚上谁请客，然后主持人说，你的耳环还挺漂亮的。"

女孩不好意思地笑了，心理学家说："其实，身边有人路过时，我们都会瞄一眼。但我们却不一定要去谈论这个被自己瞄见的人。人们在一起谈话，肯定是自己有事或有交流需求，并不一定是为了嘲笑谁，你看，你的这些痛苦，你心灵受到的伤害，其实是你自己制造的。"

女孩听后，若有所思。随后，又满腹委屈地说："可是，很多人爱说我长得那么丑，还穿得那么骚……"

心理学家站了起来，说："我要打你，你要是过来我就要打你。”然后问,“我打着你了吗？”女孩摇了摇头，说:“可是，如果你一定要打我的话，一定打得着。”心理学家让女孩走到他身边，这下，他的拳头果然可以打着她了。第二次，心理学家又不断做出要打她的姿势，但让女孩不要走过去，然后说:“我要打你，一定要打你。”随后又问:“我打着你了吗？”

女孩摇了摇头，道:“我明白了，第一次，你说要打我，没打着，是因为我没走过去；第二次，你打得着我，是因为我走向了要打我的人；第三次，虽然你说一定要打我，但是我不走近你，你就打不着我。”这下，女孩似乎明白了什么。心理学家又说:“有些时候，别人确实会有伤害我们的心，既然我们知道谁要伤害我们，我们为什么不退避三舍，反而要迎着那些伤害而上，让自己受苦呢？别人说你外表不够美，你就一定要用他人的主观感受来伤害自己吗？”

是的，很多时候，有一些伤害，我们可以不制造；有一些伤害，我们可以不迎接。

这个女孩让我想起了曾经的一个同事，由于她在我的部门工作，所以与她相处的时间极多。这个同事长得相当清秀，有着端正的瓜子脸，明亮的大眼睛，如果打扮一下，肯定是一美女。可惜，她觉得自己太丑了，每天想的都是存钱整容。

为了遮挡她自以为的面容缺陷，她每天长发覆面，弄得自己像个“女鬼”，有好几次夜里突然看见她，我的小心肝都吓得一颤一颤的。

她和节目里的女孩太像了，总觉得别人都在议论她的缺点，总觉得自己的脸左右不对称，会让别人看着别扭——天地良心，我让她把头发撩起来，一点也没看出哪儿不对称，直到现在也没发现。跟她相处，别扭确实是有的，但别扭的不是她的脸，是她的性格。她终日担心我在领导面前说她的坏话，领导批评她一下，她便哀伤地哭泣，觉得自己要丢掉工作了。她屡次纠缠我，要我在领导跟前多为她说好话。每一次挨批和被处罚，她都归结于领导是要开除她，难道工作中就不能因为犯错而被批评和处罚吗？退一万步来说，即使被开除了，没了这个工作，还有那个工作，没了又如何？不会是世界末日！

但她却为此四处纠缠，弄得几乎每个部门的人都向我投诉过她。生活中，很多人像刺猬一样，到处扎人，却总怪别人针对自己。自己四面树敌，却怪别人都与自己为敌；自己动不动就妄自以小人之心度君子之腹，却怪他人提防自己……实在有太多的人缺少关照自己言行的能力了。

我们仔细想想，每个人都有自己的生活，有多少人真的终日关心别人呢？其实，很少有人会花大量的时间来研究别人的生活、别人的长相或其他缺点，他们不能靠着议论别人的缺点过活。放心吧，他们的大部分时间都在为你看不见的辛劳奔波，偶尔和你照面交往，只要你与他们没有利害之争，他们就不会在乎你，更别说你的长相了。

想想吧，我们每天在路上、在地铁里要遇见多少人，可是我们究竟记住过谁。面容只有在需要记忆时才有意义，别人真的不会像你想象的那样关注你。我们不必因为自己的不自信，就假想他人终日想要伤害自己，甚至还因此产生了粗暴行为或敌对情绪，成为一个处处逞强、处处找事儿的刺头，那就真会四面楚歌了。

就算果真有那么一两个“事儿妈”爱嚼舌头，以用语言甚至行为伤害我们为乐，可是，他们那些不负责任的话，真值得我们为之伤心吗？我们完全可以远离，可以不理啊。很多时候，世界之所以对我们粗暴，是因为我们不肯温柔。拔出自己的刺，温柔友好地与他人相处，我们就会发现，世界回报给我们的，也是温柔。

别成为那个毁掉生活情趣的人

只要你留意就会发现，生活中有这样一类人，他们本心不坏，但偏偏喜欢以自己的标准去评判别人，破坏别人的好心情。他们总是带着一些负能量，一眼就能看到那些所谓的“糟糕的事”。那些事原本不值一提，可他们就是守不住自己的嘴，不说个痛快不罢休。

有次周末，我刚睡醒就听到了敲门声。开门一看，妹妹站在门口，一副无精打采的样子。我忙问怎么了，她说：“我刚刚把闺蜜小兰拉进了微信联系人黑名单。”

我看出她心情很低落，赶忙开导她：“怪不得跟霜打的茄子似的，跟我说说怎么回事。”

妹妹强打精神，跟我讲述了她跟小兰的故事。

妹妹读研究生时认识了闺蜜小兰，两人同专业同寝室，年轻奔放，趣味相投，感情非常好。有很长一段时间，两人几乎形影不离，就像是一对双生花。不过，相处久了，各自的缺点也就暴露无遗，难免会发生一些矛盾。

研一期末，两人的矛盾初露端倪。她们体育课上有个3000米长跑的必考科目，考试过程很严格。妹妹的体育本来就是弱项，她不敢怠慢，每天都会早起去操场晨练。小兰就不同了，她身体素质好，是个体育健将，根本就不需要像妹妹那么辛苦。

3000米长跑考试那天，妹妹所在班级的女生分为两个组，妹妹在第一组，小兰在第二组。妹妹的那一组首先进行考试，随着那声发令枪的响起，同组的很多女生都箭一样冲了出去，而妹妹却根据每天的晨练经验和自己的身体特质总结了适合自己的战术：长跑很消耗体能，匀速前进可以降低能量消耗，成绩应该不会差。

就在妹妹按照自己的速度前进时，小兰站在观众台上对她大喊："把手臂摆起来，把步子迈开，你这样跑是不行的。"话一喊出，同学们纷纷看向排在倒数第三名的妹妹，而妹妹并没有听取小兰的建议，依然匀速奔跑。

跑了1000米左右，妹妹还是排在倒数第三名。小兰见状，立刻冲到跑道一侧，一边跟着妹妹跑，一边言传身教："我不是跟你说了吗，要迈大步跑起来，你这样跑还没别人走得快。"妹妹为了保持体力，没和小兰搭话，挥手示意她回去。

小兰一着急，吼道："你是猪吗，有好的方法你不学，这样下去你每天早上的晨练都白练了，真是够笨的。"妹妹没心思和小兰争论，继续往前跑去。

小兰急不可耐，又吼道："你等着瞧吧，活该你倒数，活该你不及格。"

听妹妹讲到这里，我不禁愕然。小兰怎么能如此苛刻地非要让别人用她的方法？很多事，很多规则，很多经验是不能简单复制的，这个道理她不明白吗？而且为了这点小事，也没有必要对朋友恶语相向吧？小兰固然是一时心急，但也不能这般蛮横。

最后，那场考试妹妹按照自己的战术取得了小组第二的好成绩。而小兰也按照自己的战术跑了她那组的第二。考试结束后，两人一起回去的时候，小兰还在说妹妹就是一头猪，这次跑第二只不过是运气，而她原本可以跑第一，跑第二纯属意外。妹妹当时没多说什么，只是觉得自己跟小兰在某些观念上有不同的意见。

一个人只有认清了自己，才能看清自己所遇到的一切，而小兰就是一个自我意识模糊的人，她分不清哪些是自己该做的事，哪些是自己该说的话。有时候，她按照自己的标准去要求朋友，却不顾及朋友的感受。

这之后，妹妹渐渐发现，小兰热衷于对别人品头论足。而妹妹之所以把小兰拉黑，是因为小兰语出不逊，诋毁了妹妹的男朋友，并在朋友圈肆意传播。妹妹的男朋友是个学霸，聪明勤奋，为人谦逊，深得导师的青睐，并凭着自己的努力获得了学校唯一一个芝加哥大学交换生的名额。当时竞争这个名额的还有小兰，她落选后，心有不甘，觉得导师有私心。于是，她到处说妹妹男朋友的坏话，还常常拿妹妹出气。

妹妹忍无可忍，决定不再跟这种负能量的人做朋友，就直接把小兰拉黑了。

我们周围有很多像小兰这样的人，他们表面看来于他人无害，很热心，喜欢对人对事发表自己的评论。可是，他们说出的话就像一把尖刀，总是在别人身上留下伤痕。他们甚至得意洋洋，觉得自己是在先发制人，却不知自己的言论已经给身边的人带来了困扰，影响了他人的心情。这种人往往是对自己的人生没有规划的人，他们喜欢走一步看一步，走自己的一步，然后看别人的一步，他们不会关注自己脚下这一步走得怎么样，却一直在投入地关注别人，然后对别人走出的这一步说东道西，他们的生活慢慢地失去了该有的情趣。这样的人内心没有一个稳固而灵活的自我，他们的自我都投入到了外界，控制不了自己的人生就去控制他人的。

这样的人该把注意力多多放到自己的身上，专注自己的事情，挖掘自己的潜质，提升自己的价值，表现和发展多方面的自己。他人的事情，只要给予客观的意见就好，不要强求别人听取你的意见，更不要用语言攻击他人——没有思想的人才会如此。

重说以德报怨的逻辑

以德报怨，何以报德?

所以，子曰：以直报怨，以德报德。

对我们不好的人，我们却对他非常好，这是以德报怨。但正常人能做到以德报德、以直报怨就不错了。所以孔子才反问：以德报怨，何以报德?是啊，只有一碗饭了，一个是对你好的人，一个是对你坏的人，你给谁吃呢?自然是给对自己好的人吃，对自己坏的人，咱当他是陌生人，虽然同情，无力搭理就不必搭理了。

但是，我却要说，以德报怨太聪明了。以牙还牙，以眼还眼固然可解一时之气，却会让彼此深陷在相互伤害的恶性循环里。老话说得真好，冤冤相报何时了，不过是你不让我爽我也不让你爽，我让你死翘翘你也让我死翘翘，而以德报怨，无疑是终止相互伤害这一恶性循环的唯一法宝。两个仇人要成为朋友，必然有一个人要先对人好（以德报怨）。

在做一次公益咨询活动时，一个四十多岁的中年男士倾诉说，他是个学校里搞招聘的。学校里有位女老师，总是跟他过不去，经常到领导那儿打他的小报告。他很生气，所以也四处说这位女老师的坏话，两人一见面就吵，弄得学校领导非常头痛。后来，不知是经济形势不好还是学校经营不善，反正要裁员。他害怕了，在这个学校里做了那么久，如果被裁了，上有老下有小，自己别无所长，离开学校的话，不知道该怎么生活。要知道前不久刚为买房子而借了一大笔债，孩子上高中，老婆没有工作，失去这份工作就失去了他们家唯一的经济来源。所以，他不想失去这份工作。但他觉得自己很有可能被裁，因为和那个女老师吵架，学校对这俩刺头都没啥好感。

这个招生老师和很多男士的情况相似，自己能力仍须加强，人到中年，还没有太优异的职业表现，家庭负担又重，所以严重缺乏安全感——老天爷，当你赐给一个生命的性别是男性时，请给他主动提升自身能力的意识吧！不要让他在平庸里老去，然后默默面对生命的重负；当你赐给一个生命的性别是女性时，请赐给她主动提升自身能力的意识和独立意识吧，不要让她在抱怨中老去，不要让她独自面对生命的真相。

对命运欠缺掌控力的人往往最容易患被迫害妄想症。因为自己的抗风险能力低，所以一点点危险都足以让他们惊恐万分。因为拥有的太少，一点点就可能是全部，所以一点点都不能失去，一点点都要万分周全地保护好。他们警惕地盯着自己手中那仅有的一点点，只有一个鸡蛋，如果摔碎了，被偷了，被骗了，全部依靠就没有了，所以，他们不敢付出。因为他们知道自己太弱小，不相信自己主动示好、主动付出就会被认可。他们认为，如果自己的友好被轻视，被辜负，他们自身的价值就会严重下降，所以他们也不敢主动而真诚地对人好。

这位男老师就是这样的人，当我告诉他说这很好解决，请那个女教师吃顿饭跟她交朋友时，他惊讶极了，仿佛看到外星人一样。他怎么可能请她吃饭？她伤害他那么深，原本以为，我这个免费的咨询师可以提供一点平衡心理情绪的方法和对付那女教师的办法，没想到我却让他以德报怨。好说歹说半天，他就是怨难平恨难消，不想主动跟对方示好。不断问我除了请客吃饭之外的办法。我有些被搞毛了，愤愤地说方法已经告诉你了，信不信由你。他又问，她也恨他恨得要死，就算他愿意请客，她也一定不同意，要是她拒绝了怎么办？

我气呼呼地说："她不可能拒绝你，你没有以一贯的伤害方式去报复她，见到你的邀约，她会意外，然后会去思考你为什么请她。她会确信你的善，并且确信你一定经过无数心理斗争才有勇气放下自尊，主动去对一个冤家示好——冒着被拒绝的风险。她会同情你的用心，不忍心拒绝你。就算你被拒绝了，她也会感念你的示好，以后不再和你针锋相对。她拒绝你的最差后果，也不过是你和她的关系还维持原样。你不去试，哪儿知道究竟会遇上哪种可能，如果试了，你们和解的可能性就有百分之七八十，不试，百分之一都没有。再说，她拒绝了你，你会死吗？会少块肉吗？再问，两千块钱一分钟了。"

有些人不骂不醒，真是的，看着他一脸郁闷的样子，我其实也是不忍的。我们活得那么憋屈，不就是因为不想伤害这个人，不想伤害那个人吗？她的行为又不是变态的行为，只是正常范围内的自卫性反击。他很郁闷地念叨着"不可能"

走了，可怜之人必有可恨之处，和他讲了心理模式，就是不明白。可能我也着急了，我觉得我说的都是对的，他应该立马理解并认同。

十多天后，他突然打电话给我，万分激动："你真是个神人，我照你说的话去做了，我去找她，说要请她吃饭，并且希望两人解释清楚误会，交个朋友时，她很惊讶，然后同意了。两人在餐桌上将过往的彼此伤害一一梳理了一遍，那些伤害竟然成了深入交流、了解彼此的最好工具，两人聊了个不亦乐乎。"我呵呵一笑，这种结果，是完全在预期中的，只是因为我们习惯了等待别人主动示好，所以放弃了自己主动示好以终止相互伤害的可能。

说到这里，我想起一个关于宋就的老故事来。

战国时期，魏楚交界的地方住着两国村民，村民们都喜欢种瓜。这一年春天，两国的边民又都播下了瓜种。不巧这年春天天气比较干旱，由于缺水，瓜苗长得很慢。魏国这边担心这样干旱下去会影响收成，于是该县的县令宋就组织了一些人，每天晚上挑水浇瓜。

连续浇了几天，魏国村民的瓜地里，瓜苗长势明显好起来，比楚国村民种的瓜苗高了不少。楚国的村民一看到魏国村民种的瓜长得又快又好，非常嫉妒，于是有些人晚间偷偷潜到魏国村民的瓜地里去踩瓜秧。

魏国村民看到自己的瓜秧被踩，非常生气。于是就到宋县令那里要求评理。宋县令本是魏国的一个大夫，他品行高洁，但因不小心触犯了权贵而被贬到了这个偏远之地。宋县令听完村民的话，忙请这些村民坐下来，心平气和地对他们说："我看，你们最好不要去踩他们的瓜地。"

听到宋县令的话，村民们气愤极了，纷纷嚷道："难道我们怕他们不成，为什么让他们如此欺负我们？"

宋就摇摇头，耐心地说："如果你们一定要去报复，最多能解解心头之恨，可是，以后呢？他们也不会善罢甘休，会变本加厉地报复我们，我们再以牙还牙，如此下去，双方互相破坏，谁都不能收获瓜了。"

村民们皱紧眉头问："那我们该怎么办呢？"

宋县令说："你们每天晚上去帮他们浇地，结果怎样，你们自己就会看到。"

村民们只好按宋县令的意思去做，没过几天，楚国村民的瓜苗也长得跟魏国村民的一样好。看着自己的瓜苗无缘无故地变好，楚国村民心里有很多的疑问。有人提议说，要不我们晚上去观察观察，看瓜苗是因为什么原因才长得这样好的。于是楚国村民轮番值守观察瓜田，他们发现魏国人竟帮他们挑水浇瓜。看到此情此景，他们惭愧极了。

后来，这件事被楚国边境的县令知道了，便将此事上报楚王。楚王原本对魏国虎视眈眈，听了此事后深受触动，甚觉愧疚。于是，主动与魏国和好，还送去了很多礼物，非常佩服魏国有如此好的官员和国民。而魏王见宋就为两国的友好往来立了功，也下令重重地赏赐宋就和当地的百姓。原本可能演变出暴力冲突的事故，因为一方的以德报怨而轻松圆满地化解了。

人心都是肉长的，虽然在一时的冲动情绪下，有的人会有意无意地做出一些伤害别人的事来，但是，我们并不需要反击。因为越反击，越会助长他们的受伤情绪，最好的办法就是让伤害在自己这儿终止，你可以不搭理，等时间久了，对方感觉没有意思，也就会消停了。如果心胸豁达一点儿，以德报怨，反而会赢得真诚的朋友。

很多时候，主动让一点，没有什么大不了。就算什么也没有改变，我们至少也为改变努力过。并且，我深信，一个人的心意是可以被感受到的。虽然认知力差异使得我们不可能完全知道对方的心路历程，但大致反应却是可以知道的，毕竟都是人。同样一刀砍三分，两人的感受也会差异，也许一个人觉得八九分疼痛，另一个人觉得十分疼痛罢了。

放下那些猜测，我们渴望得到友好，别人也同样渴望。所以说，人同此心，心同此理，主动对人好，你得到的会比你想要的更多。

无能的人最喜欢用交情绑架别人

生活中，很多人都会遇到这样的事：多年不曾联系的朋友突然登门拜访，想请你帮一个他所认为的“小忙”，并通过各种方式一再暗示你，如果你不答应他的请求，就给你贴上道德败坏的“标签”。但实际上，这位朋友所谓的“小忙”将花费你大量的时间和精力，甚至还需要动用你不想触及的关系网。遇到这样尴尬的事情时，很多人都会左右为难，不知如何是好。

要解决这个难题，其实很简单，那就是果断拒绝帮忙。乐于助人固然是好事，可有些人却总是拿所谓的“哥们”“死党”“闺蜜”之情当幌子，对你进行“交情绑架”。他们认为，请你帮忙是把你当朋友，你理应为他们两肋插刀；再者，因为你的能力比他们强，你过得比他们好，他们有求于你也是人之常情。

我所在公司的副总经理海涛就曾有过被朋友进行交情绑架的经历。

一天，海涛正在上班，有个陌生人一直加他的微信，他拒绝了多次，但那个人一直反复添加他，无奈之下，他只好同意了。

陌生人很快就给他发来微信消息："总算找到你啦！怎么着，现在当了副总经理，就想跟我断交啊！"

海涛浏览了一下陌生人的微信个人资料，才知道对方是他早前公司的一个朋友，至今已经有五六年没有联系了。于是他礼貌性地回了一句："哪敢啊，这几年想必你也过得不错吧？"

此时，对方马上发过来一个愁苦的表情，回道："别提了，我这日子简直惨不忍睹啊，所以想找你帮个忙！"

海涛心里嘀咕，自己都和这位朋友好几年没有联系了，还能帮到他什么呢？于是海涛试探着问："你说说看，能帮上的，我尽力而为。"

"以你现在的身份和能力，这事对你来说是小菜一碟。"朋友先是给海涛带了一顶高帽子，随即说，"我现在跑业务呢，但是苦于没有合适的客户，我听说你手头有很多我需要的客户，能不能给我介绍几个？”

海涛皱起了眉头，别说将自己公司的客户介绍给其他公司的人，即便是同一个公司的同事，也不能轻易介绍。这种抢饭碗的事，任谁也不能纵容。

海涛当机立断地说：“真不好意思，我的那些客户早就分派给下属了，实在是帮不上你啊。”

对方自然明白海涛的意思，回了句：“那好吧，我再找别人问问。”

这件事过去没多久，海涛就在微信朋友圈看到有人在议论他刻薄、冷血。他心中奇怪，自己的人缘向来不错，很少被人非议，怎么会突然就被抹黑了呢？经过多方打听后才知道，原来是找他帮忙的那位朋友在到处说他的坏话，说什么他现在当了副总就忘了那些跟他一起打拼过的人，简直忘恩负义。

我听了海涛的经历后，不禁感到害怕。这个社会中，确实有那么一些人，认为别人过得比他好，就理应帮助他。但是这些人为什么不反过来想一想，别人为工作一筹莫展的时候，自己有没有帮过他？别人为找客户几乎跑断了腿的时候，自己有没有关心过他？况且别人过得好也是付出了努力和心血的，因此别人并不欠你什么，凭什么必须帮助你？

其实在每个人的一生中，除了亲人之外，几乎没有人有义务对你好或者帮助你。如果你明白了这个道理，以后当你向别人求助而被拒绝时，就应该告诉自己这是很正常的事。

类似的事情也曾在我的身上发生过，我的QQ好友里有几个有过一面之缘的朋友，平时也没有任何的沟通与交流。有一天，其中有一位朋友跟我打招呼，出于礼貌，我进行了回复。

闲聊了几句之后，这位朋友说："那次我们聚会的时候，记得你说过你会做图文设计，现在还做吗？"

我说："做呀！"

接着，他就说让我帮他设计一个简单的图书书目。

当我看到他的请求时，第一感觉就是：我和他是朋友吗？应该谈不上，因为我几乎连他的名字和相貌都没什么印象了。可是，我和他确实有过一面之缘，但也仅仅是一面之缘。处于这样的一个尴尬的境地，我觉得很为难。不帮忙吧，担心对方会指责自己没有"人情味"；帮忙吧，设计一个书目并不是那么简单的事，而我手头还有很繁重的工作要做。思索了一会儿，我果断地回绝了他的请求。不久之后，我也遭遇了和海涛一样的尴尬，被这个陌生人抹黑了。

当今社会上确实有很多这样的人，他们认为自己朋友圈里那些牛人就是专门为他们服务的，别人的时间在他们看来是公用的。于是，当他们向那些牛人求助而得不到帮助时，就会在朋友圈里说尽这个牛人的坏话，比如不把自己当朋友、耍大牌、做人虚伪等。总之，如果你得罪了这样的人，有的会在背后损坏你的名声，有的则会与你断绝往来。

向人求助时本该怀有一颗感恩之心，可现在很多求助者偏偏忘记了这一点。在这里我想说，你的事就是你的事，与别人无关，当你向别人求助时，别人帮你是情分，不帮你也合情合理。所以，不要主观地认为你的牛人朋友就是天生欠你的，人家的“牛”也是靠自己一步一步地努力奋斗得到的，根本就跟你没关系。

在这个世界上，绝大多数人都没有义务必须帮助你或者必须对你好，当你遇到困难时，如果有人帮助你，请你珍惜，并怀有感恩之心；如果没有人帮助你，也不要抱怨别人。

最重要的是，千万不要用交情去绑架别人，那样只能说明你无能。

强人所难，怎么能愉快地做朋友

在人际交往中，通过自己的朋友圈去办事是理所当然的。但是如果在托人办事时喜欢强人所难，别人明明很难办到的事情，你非要以私人关系为要挟，让对方勉为其难，就是在过度地使用自己的朋友了，这种做法无疑会危害自己的朋友圈。

强人所难，是构建朋友圈时的大忌。有的人做什么事都只考虑自己的利益得失，根本不在乎别人的困难。一旦自己有事相求，不管对方愿不愿意，都要强迫对方一定做到。这样的人显然会把自己的朋友圈越搞越糟。

人与人之间的交往有一个准则，那就是相互理解。只有如此，双方才能顺利地继续交往，这也是人际交往的理想境界。提出让别人为难的要求，说明你对别人的期望过高，这会给别人造成巨大的压力，让对方自然而然对你产生排斥心理。

有人说："当初我帮过他，现在我去找他帮忙，他就不能拒绝。"这显然是在强人所难了，如果对方不愿帮忙，肯定有他自己的理由。这种理由有时候可以直接告诉你，有时候也是不方便说出口的。如果求人帮忙的时候被对方拒绝，求人者也应该体谅对方的难处，另想办法，千万不能因他不帮忙就让人难堪。有时候你求别人帮忙，对方当时拒绝了你，或许是因为他需要一定的时间考虑。在你应该给对方考虑时间的时候，如果你咄咄逼人，很可能让对方坚定了置之不理的决心。

在我年轻时，父亲为了教我为人处世，给我讲了一件发生在他同学张先生身上的真实故事。

张先生得知老朋友沈先生有个亲戚在政府部门工作，便去找沈先生，希望沈先生通过那层亲戚关系把他调到城里上班。

见老朋友来求自己，沈先生虽然不情愿，但是也答应试试看。他鼓足勇气去找自己的那个亲戚说明了情况，被亲戚当场拒绝了。

沈先生便向张先生说明情况，但张先生却不体谅沈先生的难处，他认为对方在糊弄自己，不愿意帮忙，所以对沈先生说："你再帮我去疏通疏通嘛，这么一点小事，你一定能办得到。”

沈先生哪里还敢再去碰钉子，就对张先生说：“我实在是无能为力了……”还没等沈先生把话说完，张先生就气愤地说：“好好好，我不求你了。我不用你帮忙了。”说罢便转身摔门走了，后来再也没和沈先生说过话。

张先生的这种意气用事，就是典型的强人所难。当你需要用到自己的朋友关系时，不管对方是否能帮助你，你都应该和颜悦色，不应该为对方一时没有帮你就翻脸不认人，这只会让自己的朋友越来越少。

托人办事，你自己就要先考虑别人是否有能力办到。如果对方诚心诚意向你表示他没有这个能力，就千万不要再强人所难。如果硬要“赶鸭子上架”的话，到最后非但不能实现自己的目标，而且还会把两个人的关系弄僵。

还有一种情况，就是在你求对方帮忙而对方感觉很为难的时候，也可能说明你以前的付出，还没累积到可以提出这个要求的地步。之前你们之间也许只是泛泛之交，你猛然间提出一个让对方感觉为难的要求，想让对方无条件帮你实现，这是不现实的。人际关系如同我们培育的果树，过早地摘取果实既费了自己的心血，又尝不到果实的美味。对朋友的过度使用就像是杀鸡取卵，实在是得不偿失。

在中国古代的传说里，龙的喉部下方有一尺长的“逆鳞”，全身只有这个部位的鳞是反向生长的。如果有人不小心触到这一片“逆鳞”，必会被发怒的龙所杀。其他的部位任你如何抚摸或敲打都没关系，只有这一片“逆鳞”，无论如何也接近不得，即使轻轻抚摸一下也犯了大忌。

我们要知道，大多数人身上都有“逆鳞”存在。只要我们不触及对方的“逆鳞”就不会惹祸上身，而如果你让对方去做他不想做的事情，很有可能就会碰触到对方的“逆鳞”。

在人际交往中，你提出的要求超越了两个人的关系，就会让对方为难。如果你的要求会给对方造成不利的影响，你还非要让对方帮忙的话，那更是强人所难。他如果答应你的话，就会打乱自己的计划；如果拒绝，情面上又过不去。这样只会让彼此都为难，对你并没有什么好处。在满足别人的利益与自己的利益之间如果非要做出个抉择的话，相信大部分人会选择保全自己的利益。这不是人性的弱点，这是人的天性，是生存的本能，无可厚非。

因此，作为朋友，在需要对方帮忙的时候也要为对方着想。如果你不替对方着想，提出了让人为难的要求，不外乎两种结果：一是遭到拒绝，很多人都会从自己的利益出发，不会为了别人而让自己为难；二是最后一次满足你的要求，以这次帮忙彻底回报你全部的人情，你们的关系很可能从此便发生转折或终止。

每个人都不是万能的，能力也都有限，提出别人能力所不能及的要求，是对他人的伤害。所以，无论是做人还是交友，都要互相理解，千万不能强人所难，过度地使用朋友。

爱自己，亦接纳他人的幸福

传说有一天，一个人遇见了天上的神，神说："我可以满足你提出的任何一个愿望，但前提是你的邻居会得到双倍的报酬。"那个人高兴不已。但他仔细一想：如果我得到一份田产，我邻居就会得到双份田产了；如果我要一箱金子，那邻居就会得到两箱金子了；如果我要一个绝色美女，那么那个看来要打一辈子光棍的家伙就会得到两个绝色美女……他实在不甘心被邻居白占便宜。最后一咬牙："哎，你挖我一只眼珠吧！"

这是一个阐释妒忌的故事，为了不让另一个人比自己幸福，有些人宁愿牺牲自己的幸福，去让另一个人更加不幸。这种起源于攀比的自我中心意识，使得很多人像故事中的人那样，为了让另一个人更加不幸，他甚至愿意付出惨痛的代价。

德国有一句谚语说得好："好嫉妒的人会因为邻居的身体发福而憔悴，好嫉妒的人总是40岁的脸上就写满50岁的沧桑。"培根在《人生随笔》中说："人的心灵如若不能从自身的优点中取得养料，就必定会寻找别人的缺点来作为养料，而嫉妒者往往自己既没有优点，又找不出别人的缺点，因此他只能用破坏别人幸福的方法来寻求自我安慰，当一个人缺乏某种美德的时候，他就一定要贬低别人的美德，以实现心理的平衡。"说到底，嫉妒产生于自卑。

有些人看到别人事业成功、家庭幸福，心中就会很不舒服。为何如此？因为他们总是拿自己的得到和对方的所有进行比较，一旦发现自己在某方面拥有的不如别人多，内心的小天平就失衡了，痛苦也随之而生。巴尔扎克说："嫉妒者受到的痛苦比任何人遭受的痛苦都更大，自己的不幸和别人的幸福都能使他痛苦万分。嫉妒，往往以恨人开始，以害己告终。"

当然，攀比是每个人都有的本能反应，但有攀比，就有心理的失衡，发现自己比人家幸运，我们会有幸灾乐祸的快乐，发现自己比别人糟糕，我们就会因为命运不公平而倍觉痛苦。其实，如果不跟别人比较，我们就会为自己得到的一切而快乐；如果我们总是与别人比较，只要别人比我们更加幸运，我们就会心有不甘。如果因为看到很多活得比自己好的人而痛苦，那就想想有多少人处境比你还糟糕吧！

某次公益心理咨询会上，我遇到一个异常漂亮的大美女，开着豪车，一身富贵之气，绝对是白富美级别的幸福人儿，但她却满脸忧苦，我好生不解。交流中得知，她出生书香门第，还有份不错的工作，男友也很疼爱自己，正准备结婚。谈到这里，我就更不解了，这女人太好命了，美貌、物质、爱自己的男人等所谓的好条件，她都拥有了，她还有什么忧苦？

“我每天都想死！”她泪眼蒙眬地说，“你们都觉得我很幸福吧？你是不是觉得我太不知足？可我就是不甘心自己嫁得还不如一个长相比我差很多的人！”

原来，这个女孩有一个闺蜜，是个特别简单朴实的姑娘，一次做义工时，竟无意中结识了一个非常有钱的男孩。两人一见钟情，男孩家给了女孩百万礼金下聘，结婚那天，摆了一千多桌酒席。女孩看在眼里，恨在心里：闺蜜各方面都不如自己，长相普通，工作普通，家境普通，竟然可以嫁那么有钱的一个人，能摆一千多桌酒席，她为什么不可以？她一定要超过闺蜜。所以，打那闺蜜结婚了以后，她就和闺蜜断绝了来往，若那闺蜜主动示好，她便以为那是在显摆。

由于她的要求是礼金一百万，酒席一千桌，所以，原来那些普通的殷实之家的子弟，她根本看不上。挑来挑去挑成了剩女，好不容易遇上了现在这一个事业发展不错的男友，但男友只愿意给二十万礼金，也不想摆那么多酒席，家里人却都逼着她结婚，她不甘心……她恨命运不公平，恨漂亮又聪明的她遇不上闺蜜老公那样既温柔帅气又体贴有钱的人。

我无奈地笑了笑："你为什么要把别人的幸福当成自己的幸福？于狗来说，啃骨头就是幸福的；于猫来说，吃鱼才幸福。你把幸福定错了位。"

"我就是不甘心！"她有些歇斯底里。

"你创造过什么？"我问。

她茫然地看着我，不知道我为什么问这种问题。

"你能决定自己的什么吗？比如肤色、性别？"

"在这个世界上，凡是能让你感觉不如意的，你都会不甘心。你太把自己当回事儿了，所以连闺蜜的幸福都接受不了。你以为你创造了宇宙，所以世界要以你的意志为中心？你连自己身材样貌都决定不了，却想上苍安排一个完全合乎你期待的男人？"我语气有点不太好，"你不甘心，改变不了你闺蜜嫁得比你好的现实，改变不了你已经成为大龄剩女的现实，也改变不了自己没法举办千桌酒席婚礼的事实，在你想要得到什么的时候，先问问自己凭什么。”

“她凭什么……”她还是不甘心，我立刻打断了她：“你的眼里永远看的是别人的不该得到和自己的应该得到，她得到有她的理由，你得不到，也有你得不到的原因。比如她做义工时，你在干什么？泡吧，还是逛商场？你不为自己的自私羞耻，还去妒忌别人付出后的得到，你觉得你的品德配得上那么大的福报吗？与其嫉妒别人、痛苦了自己，还不如去总结自己、赞美别人。我们完全可以收起怠慢之心，把自我优先权让出来，让别人得到他想要的东西。成全他人，又没有什么损失。我们来这世间走一遭，是为了过自己的人生，是为了成为我们自己，你为什么非得要成为你闺蜜。与其为错过了百花而痛苦，不如为欣赏秋月而做准备。既然你不是世间的主宰，就得接受别人可以比自己优秀，也可以比自己幸福这个现实。我们的人生使命，绝不仅仅是为了证明自己更优秀，我们也没有资格觉得自己有什么优先权。你以为我们还能拥有什么啊？不过是从最初一睁眼时的两手空空而来，活到最后一闭眼的两手空空而去，我们只是活一回自己而已。”

我不知道这番话能否让她接受世界的理所当然，我只知道，嫉妒犹如一只苍蝇，经过身体所有的健康部分，却停在了我们的伤口上。许多人活于世上，时时都在嫉妒别人，遇事斤斤计较，到处吹毛求疵，什么事情都只看到自己失去的一面。如果我们任由自己放纵自己的攀比之心，总有一天，会嫉妒鸟儿的翅膀、鱼儿的鳍。像她这样的美女，看上去生活应该是幸福的，却因为内心的攀比使得生活失去了它本来可以拥有的幸福。

其实，我们每个人都是带着自己的特殊使命来到人间的，所以才有了高矮胖瘦不同的人类，才有了各种状态都有的世界。不完美是我们生命的一部分，与其攀比别人的桃子不如种好自己的西瓜。有时候，接受现实比对现实张牙舞爪更好。如果你不能享受已经拥有的快乐，你就不会有快乐可言。

世界需要我们的示好，人类需要我们的爱

我们很容易犯的一个错误就是滥用语言暴力伤害别人，但是我们却很难发现这个问题，只要我们不是伤害的具体承担者，我们就会拒绝相信那些话和那些情绪真的对他人构成了重大伤害。那些人家很认真、很辛苦才做出来的东西，我们常常连看都不看，便开始说它这里不行，那里不好。

在一个讨论会上，我看到两个同事极为用心地做了几个策划案。若是我们从他们考察市场的角度和做策划时的费心费力，便会看到那是应该被尊重的劳动，即使它可能还不够完美，可能还需要继续提高，但若那片市场是存在的，我们便应当在尊重劳动的同时，看看这些策划案的最大优点是否可以支撑起一片市场，而不是简单地全盘否定。

但是，确实有那么些人，完全不看人家立项可行性研究

的内容，不看人家在市场研究上花的工夫，连策划的内容是什么都不知道，便大批特批起来，便审美疲劳起来，连小河都没有见过，却摆出一副曾经沧海的姿态来。那些批判，听上去那么牵强附会，那么毫无关系。我真的很想说，人家努力去思考去策划并且形成了结果，尽管它可能不合适，可能还有待提高，但拜托各位高端大气上档次的同事，你们好歹先弄明白策划人的意图，看一下人家的内容再批判好吗？最让人难以忍受的是那些自己什么也没做，却对做的人竭尽全力地批判的人。

看着那些认真思考、认真去做的同事受伤，看着那些终日像无意识动物一样被动活着的人寻找到存在感之后的舒爽，我心里真不是滋味。不是说讨论一个重大项目时不可以发表意见，而是我们发表意见时，确实对相关市场与内容都有过研究。一个从来没有吃过蜂蜜的人，是没有资格说什么样的蜂蜜才好吃的。也不能因为自己不喜欢吃蜂蜜，就武断地认为蜂蜜没有市场。

生活中常有这样的人，无论你做什么都喜欢给你泼冷水，都觉得不行、不好、行不通，但自己却什么也不做。滥用语言暴力成了他们唯一可以得到存在感的手段。滥用语言暴力而不自知，所以他们时时都伤害着别人，然后也被别人反击着。他们因此深陷相互伤害的恶性循环里，觉得人心不古，个个都与自己作对。

很长一段时间里我都在想一个问题：为什么我们总是那么喜欢粗暴简单地否定别人，动不动就用最极端、最刻薄的话去伤害别人，而我们却感觉自己非常有理？为什么我们胡乱批判别人、伤害别人时没有丝毫的内疚之感？这种自负心理最深层的原因是什么？

很多事情，只有把它的前因后果彻底联系起来，我们才能看出最根本的问题。拿上述案例来说，一个项目上了会，判断它是否具有可行性，我们不能不看内容而只凭匆匆扫一眼标题就全盘否定。这里面，有很重要的两个行为暴露出了根本原因：不看内容——因为那是别人的项目，把自己不想关心别人当成对别人的项目没兴趣；匆匆全盘否定——不想为别人的项目费心去判断价值，主要是不想去肯定别人的价值，所以全盘否定，一来比较省事儿，二来显得自己是有价值的。

说到这里，感觉有必要告诉一下自卑的朋友们，如果有人看不起你，可能不是因为他真的比你强，而是因为他不想去发现你的价值，因为这样做费心又费力。每一个人都只关心自己的价值，所以我们才会产生那些莫名其妙的骄傲自负。至此，我才终于明白，一个人之所以骄傲，之所以看不起人，是因为他太冷漠，只关心自己，和事实上的个人能力无关，并且和我们被看不起也无关，别把他人的冷漠，当成了伤害自己的骄傲。

冷漠的人啊，别那么不把别人当人看。人生命运的真相就是，命运一半在你手里，另一半在外界，你要用自己手里的一半去赢得外界的另一半。悲观失望，抱怨命运的时候，不要忘了你手里拥有你一半的命运。得意忘形、志得意满的时候不要忘了还有一半的命运操纵在外界手里。我们都要与他人合作，所有要求你关心的人，都和你有关。

当然，别人的自私冷漠是件没有办法的事，我们只能自己去感受世界，也只知道自己最需要什么。我们时时为自己的感受而奔忙，分不出多余的时间去关心他人。自以为是——古希腊哲学家普罗泰戈拉说：人是万物的尺度，我总觉得那句话的正确译文是：每一个人都以他自己的喜好作为判断万物的标准——这也是没有办法的事，因为我们只能用自己的主观感受去评价这个世界，去描述这个世界，得出只有自己才完全相信的结论。由于天赋、生活环境的不同，我们每个人的认知力都不一样，所以每个人的自以为是也都不一样，所以才使得一些人那么难以被另一些人认可。因此，我们的自私，我们的自以为是，是可以理解的。但即使如此，也不是我们可以冷漠粗暴的理由，我们不能只关注自己，还要关注和自己相关的一切。因为依赖彼此的相互合作，所以我们需要在意别人眼中的自己是什么样子；因为每个人的自以为是不一样，所以我们不能过度在意他人的看法。

别让自己的冷漠伤害别人，也别让他人的冷漠伤害自己。世界需要我们的示好，人类需要我们的爱。别做一个淡漠别人、淡漠世界的人，这样才不会被别人淡漠，被世界淡漠。

第四章

弱者才去逞强，强者都懂示弱

你想看见什么，就会看见什么

苏东坡与僧人佛印是好朋友，一天，苏东坡对佛印说："以大师慧眼看来，吾乃何物？"佛印说："贫僧眼中，施主乃我佛如来金身。"苏东坡听朋友说自己是佛，自然很高兴。可他见佛印圆圆胖胖，想打趣他一下，笑曰："然以吾观之，大师乃牛屎一堆。"佛印听苏东坡说自己是"牛屎一堆"，并未感到不快，只是说："佛由心生，心中有佛，所见万物皆是佛；心中是牛屎，所见皆化为牛屎。"吃亏的倒是大才子苏东坡。

年轻时读到这个故事，颇不以为然，总感觉很多事并不是自己想看见的，却看见了；很多事不是自己想遇上的，却遇上了；不是自己想承担的，却承担了，怎么可能有谁去追求受苦，我拼命追求的，是快乐和幸福啊！多年以后我才知道，我只是把自己渴求幸福的标准，当成了我想要看见的；

我只是把我得到的不舒服，归结为不想得到。

亲爱的，你也许会说，我觉得有钱才幸福，我只想看见富有，只想看见满满的钞票，可是我工资低、负担重，穷得一分钱都要掰成两半花啊！我不想这样子啊！我穷得病不起、活不起、死不起啊……但是你见过觉得自己很穷的“喵星人”或“汪星人”吗？你见过觉得自己很穷的老虎或狮子吗？你见过觉得自己很穷的喜鹊和燕子吗？你见过多少动物因为觉得自己没有翅膀或鳍而深感痛苦？你之所以觉得自己穷，仅仅是因为你把某些拥有当成了富，而你恰好看见了你的缺失，然后你就看见了一个穷苦的自己。虽然我没有钱，工资也很低，但是，我很少会觉得自己穷，因为我不追求金钱数量的扩张，不把某些东西的缺失当成自己贫穷，正如我不会为自己无法像猴子一样能灵巧爬树而痛苦一样。

记得有天开会时，在书上看到一句话：“处女座的人不一定知道什么是完美的，但一定知道什么是不完美的。”我大笑，把领导气坏了。其实，且不论星座科学与否，单从这句话来看，我认为不单处女座的人知道什么是不完美的，几乎所有人都如此。大美人脸上的斑点，白玉上的瑕疵，总是一目了然得不容忽视，这种缺陷关注，使得我们常常因为一片树叶的不完整而否定整棵树的价值。是的，我们为什么不去看那些完整的、沃若的大多数，非盯着这片不完整的枯叶？

从社会生物学上来说，关注缺陷、灾难和未知风险，是一种非常必要的本能，我们必须竭尽全力，来避免随时可能发生的一失足成千古恨。所以我们才那么小心翼翼地活着，唯恐有什么闪失。所以，我们把对危险的恐惧演绎成了无处不在的挑剔（挑剔有理啊）。如此来看，我们就会发现，那些挑剔，其实是因安全感忧虑而产生的。你若不觉得自己不会飞就会被吃掉，会找不着吃的，会活不下去，你就不会挑剔自己没有翅膀。你若不觉得自己游得不快，无法到食物丰富的地方繁殖，无法逃出食物链上游的追捕，你就不会抱怨自己没有鳍。

没错，一切的负面情绪，都产生于本能。

但人如电脑，本能只是一种预设程序。一台电脑，除了需要一套硬件，还需要安装一套软件，才能真正地运行起来。如果硬件很好软件不好，虽然也能用，但肯定没法使效用最大化。比如，售价数万的笔记本电脑，但是你只装了个32位的XP系统，硬件本身的很多功能不能用了，还有一些功能，虽然能用，但效果不好了。反过来，如果系统很好，电脑不好，就容易死机，一台586的电脑装上Win10只会不断地蓝屏。

我们的身体就是硬件，我们的认知模式就是软件。在母亲肚子里的时候，我们的心智系统不断被写入本能认知程序，到我们出生时，这套本能认知程序就写完了，开始独立运行。

自觉不自觉，我们都一直在这套程序的指挥下运行着。

无论你相信不相信，你的本能程序一直在运行。比如你对出版的思考，比如你对人生意义的思考，再比如你要伸伸自己的小腰。你没有刻意为之就做了很多，就是因为很多程序在后台运行着。

不过这套程序只有最基本的运作能力，虽然有办公软件，也有一些游戏和娱乐功能，但是，它可能有漏洞，所以时不时要打补丁更新，很多东西还要去别的地儿下载、装入。本能程序，只是最最基本的初装程序。除了可能有种种缺失之外，还有一种悲催的可能：装错了。系统和硬件不适合，所以机子一直不好使。

你看心智二字，心就是认知模式，智只是说一些机械性的能力。比如五笔输入法有打出汉字的功能，这是智，但是打什么，就看心了。人与人之间，绝对智商的差异并不大，据说世界上智商最高的人也只有228，只是正常人的2倍罢了。但人与人的能力之差，却有天壤之别。造成这种惊人差异的，不是智商，而是认知模式，即我们的心。吃一瓣带酸味的橘子，大家都知道有酸味，是智；觉得酸味好还是不好，是心。世界是我们心的样子，你觉得橘子太酸了真难吃，那么橘子就不是个好东西。你觉得橘子酸酸甜甜的口感好舒爽，那么橘子就是一个不错的东西。

由于本能程序只是初装的预设程序，所以只能处理一点初级问题。比如1+1=2，它知道对错，但你没法让它证明1+1=2是正确的（请自动联想哥德巴赫猜想），它只会一级运算，不会二级运算，更别提高等数学了。并且它的计算方式也过于简单粗暴，只会单纯地把感觉上的舒适与否作为自己的定义标准。我的斧头丢了，感觉像邻居偷的，他说话的样子像个小偷，走路的方式像小偷（1+1=2啊）。我动不动就跟他过不去，然后吵架打架，尽管他举出很多证据说明他品性好，对我也不错，不可能偷我的斧头，可是，我还是觉得他形迹可疑。后来，我在自个儿家里找到了斧头，一阵内疚后，我想起误会对邻居的伤害，想起他过往的友好，于是突然觉得邻居怎么看怎么像个好人了。这是不是最简单的以主观感受武断判断？虽然当时的我，也觉得我并不想斧头被偷，更不想和友好的邻居吵架，但是，我因为有了臆想（觉得自己被伤害了），于是有了情绪（自卫反击），又让别人受伤，然后别人反击，然后我真受了伤，然后感觉那人真的不好，然后你觉得自己是正确的。

亲爱的，你当然是正确的，你所关注的一切，就是你看到的世界，它就是你想看到的样子。无论你觉得这个世界是美好还是险恶，是艰难还是顺意，你都是正确的，当然，从你的角度来看！

或许亲爱的你又要问了，我今天出门，不小心被人踩了一脚，然后又因为堵车迟到了三小时，然后领导问我要工作结果（我没有结果，有的只是没完成的结果）时，天花板上的吊灯砸到我头上，这一天真是倒了霉！这些难道是你想看到的吗？是你想要的吗？你不想被踩，你不想迟到，不想完不成工作，不想被吊灯砸……其实，你不想看到的那个世界，也存在于你的想象中，因为你一直在想你不想遇上什么，由于你是正确的，所以你一直在想的你不想遇上的情况可能就会出现……逻辑上，世界是你想看到的那样是成立的。你只是简单地把不想遇上，当成了不想本身。你只是简单地把苦乐，当成了想还是不想。

如此推演，或许还不足以证明我的论点。因为亲爱的你可以列举无数你既不想，也没有准备的意外……还拿堵车迟到被灯砸说事儿。一系列的不想背后，是因为这些不能满足你的内心需求，所以你才觉得那是你不想的。如果这天早上出门，一个人突然踩了你一脚，刚好你那只脚一直痒，这让你很不舒服，而那一踩的力度大大地缓解了你的脚痒，于是，那人道歉时，你倒一脸愉悦地说没事儿没事儿。你在路上堵车，看见车祸，堵了三小时，但是由于你今天要被领导逼着交工作，你正想找借口，又不喜欢说假话，在车里的三小时可以让带着超级本的你从容完成工作，然后交给领导，从来讲究不轻诺不寡信的你是不是觉得上天都在帮你诚信？然后，你干完工作到了公司，虽然嘴上表示不好意思，可是心里却因为完成了工作而并不介意，这时候，灯砸下来了，你的小心肝儿吓得碎了一地。然后乐观的你，善于发现生活美的你，觉得太幸运了，掉下的居然不是石头。太幸运了，灯只砸到了你的肩膀上。太幸运了，没有砸到领导，他或她有点担忧或同情，会对你更包容……

亲爱的，你看明白我在说什么了吗？世界怎么样，不取决于世界本身，而取决于你怎么感知。因为你的需要不被满足，你就会对世界产生负面想法，你看到的世界也是负面的。因为你有一些需要被意外满足，你很高兴，所以你对世界也是满意的。很多时候，我们只是需要切换一下心智模式，就可以不那么折腾自己的小心肝儿。

同样一件事，我们感觉舒适与否，完完全全取决于你的需求。同样一个世界，是不是你想看见的，只和你的需求有关，你的需求不被满足，本能告诉你，肯定有缺陷，有恶，于是你想揪出缺陷和恶，于是你便看见了它们。看看，我们多么可怜，只能在本能程序里对世界进行最低级别的利害判断。

就算明天是世界末日，那也是美好的，因为我们可以亲自经历一种结束；就算明天就要死去，那也是美好的，因为我们终于可以改变自己的存在方式，而不是被一个自己可能根本不喜欢的肉体囚禁着，去承担那些我们不愿承担的重负。

强者才有饶人力

前一阵有一件事，让我发现我们容易夸大伤害。

那天，我和同事们各自忙活着，突然，“咣”的一声，天花板上的吊顶灯掉了下来，砸在了对面女孩的头上，好在没有受多大的伤。后来，物业来了，我们同事中有人说了一句话：“这灯怎么老掉啊……”物业立马反驳说：“什么叫老掉，十年了就掉了这一次，话不能胡说，再说人不是没事儿吗？”两人便为这灯是不是老掉争执了起来。见不可开交，我只好说了一句话：“若是危险和伤害，一次已经足够多。”物业的人愣了下，语气立马软了下来，温和地说了句：“我只是想说，灯不会老掉。”

很多时候，我们应该体谅的是人性本能中对缺乏生存安全的恐惧，而不是计较表达上是否精确。我们对快乐和幸福的记忆往往是短暂的，但对痛苦和伤害的记忆，却很持久，所以我们对伤害非常敏感，即使有一些伤害看上去那么微不足道。这就是为什么会有杯弓蛇影、一朝被蛇咬十年怕井绳这些故事。

很多道理，我们日日用而不知。

比如，我们会非常在意自己在别人眼中的价值，但我们却不知道自己为什么那么介意。正如我在《做，才能改变》一书中所说的那样，我们必须展现出自己的价值，才有可能被认可。被认可，才会有人愿意与我们建立彼此依赖的合作关系，那样我们才能得到一定的安全保障。通常，人们判断自己在他人眼中的价值的唯一根据，就是他人的评价，这就是为什么我们那么在乎别人的看法。我们的心灵也因此才那么敏感，对每一句带有评价成分的话都那么在意，由于口气和词语都会因个人的认知力发生扭曲，我们又容易夸大伤害，所以我们总是先考虑负面的问题。

语言伤害的施加者往往抢占话语权，将自己置于优势地位，他只想表达自己的情绪与意志。冷嘲热讽、指桑骂槐以及不悦的口气，歧视侮辱性的称呼，命令的口吻，鄙夷的神态，厌弃和怀疑的态度等，无一不在伤害听者。由于我们有自卫本能，一旦自觉受伤，便会本能反击，双方就会在彼此的自卫反击中反复伤害。

我在报上看到过这样一个案例：一对夫妻因生活琐事争吵，互不相让。男方一时性起，大吼：“你再唠叨我就砍死你！”女方顶嘴道：“量你也不敢！”女方一心想表达自己对男人的不屑，以实现对男人的打压与伤害。但她没有想过，夫妻之间，不应该是相互争输赢抢占优越感，而是应该相互扶持，成为彼此的心灵港湾。她也不会想到，伤害所带来的必然结果就是被害者的反击。本就怒气满怀的男方，经过这句话的激化，再也控制不住内心的激愤之情，他冲进厨房拿起菜刀，真的将妻子杀了。

案发后，男方交代，他其实没有杀死妻子的想法，只是因为心灵受到伤害而随口说了句表达怒意的恐吓之言。可妻子无视自己对丈夫的伤害，一心想占上风，虽然见丈夫吓唬他，但知道他只是说说，不会真的那么干，便不免想着要挖苦丈夫一下，表示自己知道他根本没这胆量，她说：“有本事你就砍，愣着干什么？”她不知道，男人为了面子什么事都做得出，她对他胆量的蔑视，直接挑战了他心理承受力的底线，于是丈夫怒从心中起，恶向胆边生，杀了自己的妻子……可怜啊，逞一时口舌之快，让妻子身首分离，让丈夫身陷囹圄。

很多时候，我们完全可以主动去终止伤害，但往往却因为放不下面子或所谓的自尊，使得伤害向最极端的方向恶化。滥用语言暴力，是人与人之间不能和谐相处的主要问题。

哲学家说："从批评的话中，不一定能了解被批评者的问题，但却能从那些话中看出批评者的眼界与见识。"

一个嘴巴毒辣的妻子会毁了丈夫，一个嘴巴毒辣的母亲，则会毁了孩子的前程，因为她会深陷与身边的人相互伤害的恶性循环里。

汉景帝当时是多么宠爱栗姬啊！所以将她的儿子刘荣封为太子。如果不出意外，那么刘荣继承大统是没有任何问题的。可惜问题却出在了母亲身上，母亲一时的口舌之快，断送了刘荣的人生，他原本是位意气风发的英俊少年啊！

栗姬模样出众，而且一连为景帝生下了三个儿子，自然她是景帝后宫中极得宠的一个，加上她的长子刘荣被封为太子，她本人离皇后宝座仅有一步之遥了，在后宫中的风头更是一时无二。然而，她有一个致命的弱点：嫉妒，而且是毫不掩饰的嫉妒。皇帝的姐姐馆陶长公主常向皇帝进献美女，她恨透了馆陶长公主，馆陶长公主身为女人，自然很清楚栗姬对自己的不满。但因为自己既是皇帝的母亲窦太后的宠女，又深得皇帝弟弟信任，所以没怎么在意栗姬的怨恨。

后来，栗姬的儿子成了太子，馆陶长公主便想把自己的女儿陈阿娇嫁给刘荣做太子妃，一来可以与未来皇后化敌为友，二来能让女儿成为以后的大汉国母，确保自己一生的荣华富贵。

可惜栗姬对馆陶长公主提亲的第一反应是：终于有机会算总账了！所以一口回绝了馆陶长公主的提亲要求，而且还摆出一副“准皇后”的架势，狠狠地嘲弄了馆陶长公主一番，总算是出了一口恶气。只是她没有料到，逞一时的口舌之快，却为自己、儿子和家族揭开了死亡的序幕。

馆陶长公主受了气，便跑到最善于迎合她的一个妃子，胶东王刘彻的母亲王娡那儿发泄情绪。王娡听了馆陶长公主的一番牢骚话，自然百般奉承：“阿娇真是名如其人啊，栗姬可真是没有眼光，您去提亲她还不肯？我要是她呀，不用等公主姐姐您开口，自己就会早早去向您提亲。”馆陶长公主转念一想，东边不亮西边亮，反正我的女儿也不能嫁给普通臣子家，王美人如此知情识趣，不如就把女儿许配给她的儿子吧！两人一番合计，陈阿娇和刘彻的婚事就定了下来。

馆陶长公主不甘心自己的亲家只是个“美人”，不甘心自己的女婿只是一个小小的胶东王，而且，她意识到如果栗姬成为“皇后”“太后”的话，自己绝不会有好果子吃。为了自己日后的安稳，她心中开始有了帮刘彻谋君位的周密谋划。从此以后，只要一见到景帝，她就不停地揭栗姬的短，也不停地推荐新晋美女，有些美女受宠的程度有时超过了栗姬。栗姬自然更加盛怒，做出了很多失控的愚蠢举动。

她不知道，馆陶长公主等的就是这个。馆陶长公主抓住栗姬的每一个纰漏向景帝汇报。而景帝，对年老色衰又总是搞得大家鸡飞狗跳的栗姬，本来就日渐厌恶了，只是囿于栗姬是太子之母，他才隐忍着没有发作。但愚蠢的栗姬仍然认为自己在景帝心中很重要，所以一如既往地要小性子。

有一次，景帝生病了，担心自己万一一病不起，于是心中忧虑万分，他对栗姬说：“你看，这满宫中的孩子，名义上都是亲王公主，其实都是幼子弱女。如果我这个做父亲的有个三长两短，我们的儿子继了位，你成了太后，可一定要代我好生照料这些年幼的孩子。”常言道，“人之将死，其言也善”，景帝认为自己命不久矣，心中十分脆弱凄惶，他需要的是安慰，是温暖，也透露出了他愿意把家国天下交给栗姬的意思，但栗姬听不懂这句话，她满心怨恨，你都要死了，还惦记那些小妖精和她们的小杂种？这么一想，她立即拉长脸恨恨地咒骂起来。景帝心里那个窝火就甭提了。

经过馆陶长公主的不断作为，景帝越来越觉得王美人贤惠，刘彻堪当大任。而王娡让大臣上表请立太子之母为皇后一事则成了压死骆驼的最后一根稻草。太子刘荣被废，栗姬因恨成病，不久吐血身亡了。就在刘荣被废三个月后，景帝册立王娡为皇后，十二天后，刘彻被封为皇太子。

生活中因逞口舌之快而惹杀身之祸的实例也不少见，我曾听一个人说，她常去的菜市场发生了凶案，一个怀孕六个月的孕妇被人抹了脖子，她的大姑姐也被杀了。被害人和犯罪嫌疑人都是市场上卖羊肉的，肉铺相邻，平时因为抢生意一直积怨。案发那天，开始只是口角之争，那个怀孕的女人，自觉是孕妇，别人不敢把她怎么样，吵的时候，她还不停地威胁人家："有种你打我呀！"没想到对方急了眼，操起刀来直接将她砍死了，还砍死了该女的大姑姐，只为了一时的口舌之快，两家人就这样完了。

每个人心中都会有情绪，在受到伤害时，想以反击进行自卫是可以理解的，但是，任由本能情绪胡乱发泄，不仅不能中止伤害，反而会使得争执的双方冤冤相报没完没了。你可能会问，难道我们只能打不还手骂不还口吗？还真可以这样的，不知道在哪儿看到过这样一句话：真正的权力不是你可以杀死谁，而是你有能力饶他不死。

常言道，得饶人处且饶人。初见此语，只道是老生常谈。我也是个懒人，对那些先人的智慧之言总是懒得去问前因，去了解真实的出处。由于必须谈这个话题，我只好百度了一下，原来，这句话出自《唾玉集·常谈出处》，蔡州褒信县有个道人跟人下棋时，总是让人先行一着，因为他从来无敌手，所以才得饶人处且饶人。看见了吧，人家无敌，所以可以让，可以饶。我们是多么可笑啊！那么多的仇恨，那么多的不宽容，那么多的好勇斗狠，证明的不是我们多有自卫力，而是我们的无能。

强者才有饶人力，因为他让你一着，你也赢不了。因为我是大象，让蚂蚁随便踩也不会受伤，所以，蚂蚁你随便踩吧！那些终日吵闹不休的夫妻，其实都是世间可怜的弱者，谁都没有强大到可以彻底毁灭谁，谁都没有强大到怎么被攻击都不会受伤。他们只能一辈子都深陷彼此伤害的恶性循环里。语善而生凝聚力，是因为善语传播的是温暖；语不善则祸从口出，是因为不善之语传播的是伤害。古人智慧，当牢记于心。

不逞能也是一种力量

初入社会时，为了得到工作，我总是想表现得什么都会，或表示自己什么都可以很快学会，总之，我希望别人相信我什么都能做，我也相信，只要我有一个工作机会，就能把它做好。那时的我真是觉得自己太聪明了。但恰恰在那段逞能的时光里，我处处碰壁，好不容易得到的工作，不是嫌太苦，就是嫌太累——自己承诺太多了，领导安排的任务，即使我加班加点地做也完不成，因为我根本不懂。

后来，机缘巧合，我来到了北京。得益于友人帮助，我暂时没了衣食之忧。在找第一份编辑工作时，我并不那么急于求成，只想着再也不要像以前一样，去做自己既不胜任又不喜欢的工作。

去面试的时候，笔试卷有这样一道题：“天龙八部”是指什么？我没有回答，因为我确实不太肯定。虽然我看过《天龙八部》这部电视剧，也知道这是金庸的一本武侠小说，但我不太敢肯定我望文生义所理解的“八本小说”是不是正确的，所以我选择了空白。看着那么多留白，心道，这工作铁定是泡汤了呀！

交上答卷后，编辑部主任笑着问我：“你听过‘天龙八部’吧？”我说：“我只知道这是金庸的一部武侠小说的名字。”他哈哈一笑，说：“你真诚实，很多人都自以为知道是什么，都说是金庸写的八本书。”我好奇地问：“那‘天龙八部’究竟是什么？”

“上班后自己去查，要学会自学而不是让别人教！”他干脆利落地说，“明天就来上班吧。”

我更好奇了，不自信地问道：“我好像都不及格呢？”

“就你这答卷，离及格远着呢，但是你老实。”

……

那是我第一次老实地承认自己的弱点，竟因此得到了工作，我感觉十分意外。以前，总想证明自己这也行那也会，结果处处碰壁，这次不再强饰能力，反而得到了工作，不由令我深思。

后来，我想明白了，如果一个人肯诚实地让人知道自己的弱点和能力，就可避免他人委派超过自己能力范围的任务，这样就不会有心理落差。一个人若不肯坦然面对自己的弱点，因为虚荣心而一味自吹自擂，那么，迟早会有一天，他会因为撩起他人过高的希望，又让人家的希望毁灭而招致怨恨。

有时候，坦然“示弱”，承认不完美是一种让自己避免尴尬的方法，比如作家沈从文就很会利用示弱来避免尴尬，虽然沈从文小说写得好，在文学世界很有影响，可他的授课技巧却很一般。他颇有自知之明，上课时一开头就会说：“我的课讲得不精彩，你们要睡觉，我不反对，但请不要打呼噜，以免影响别人。”这么一“示弱”，反而赢得了满堂喝彩。

我在大公司开重点书评级会时，总是先告诉大家：“我现在很紧张，如果说得不好，请大家原谅！”一般这个时候，董事长或其他领导就会安慰我说大家只是就事论事，或顺便也通过幽默来缓解我的紧张。一年多以来，在一向以尖刻批判和争吵而著名的评级会上，我还从来没有被人刻意刁难过，更没有与人发生争吵。

你若展示刀锋，别人当然只能选择防范，不是示之以剑刃，便是避之不及。所谓的示弱，不过是让我们学会藏锋。

无论是强者，还是弱者，人的社会性决定了我们自己的任何物质需求都得依赖于我们的同类，通过相互协助、相互交易满足自己的需求。你若总是摆出一副“我很强大，随时都能伤害你”的样子来给他人制造恐惧感，又如何能凝聚人心，得到他人的信任与帮助?

作为非资深职场人士的我，曾经带了一个新人。这是个很有文学天赋的男生，但是这个男生最大的毛病就是瞎承诺加爱生气。每当我问他能否干好一个工作时，他总是说没问题。但非常令我纠结的是，他总是不交活，总是在我催了无数次之后才把活勉强交了。其实，他的少部分活做得还是相当不错的，只是工作效率真是太低了。直到他辞职后，我才明白，那些我交给他的看似特别简单的活，他根本就不懂，得一个知识点一个知识点地去学。并且，有些知识点还不是简单的查查就懂，一定得假以时日，才有可能弄懂吃透。所以，那阵子他天天都很愤怒，觉得我们都在整他，故意安排那些他根本干不了的活给他做。

有一次我笑了笑，问他：“让你如此咄咄逼人的真实原因是什么？”他茫然了，显然，他是以为自己受到了不公正待遇，才如此生气的。我说：“是你太自卑了。你缺乏诚实的能力，就像那些粗暴对待别人、也被粗暴对待的人缺乏温柔和圆通的能力一样。”

他说：“程程姐，你说得太对了，我缺乏诚实的能力，我是学心理学的，我知道。由于害怕诚实可能引发的不良后果，我们才选择了欺骗。”

“一个人，只有能坦然地面对一切诚实的结果时，才会成为一个诚实而讲信用的人。自卑，是因为自己对生活缺乏掌控力，对风险缺乏承担力。由于自己太弱小，太贫穷，一丁点儿风吹草动都能让你的世界天崩地裂，你不敢去面对这样的结果，所以你选择了逞强，选择了欺瞒。归根到底，逞能证明的不是我们的强大，而是我们的不堪一击。”听我说完这段话后，他又问我，像他这样的情况怎么办，因为“欠了很多钱，必须要找一份工作来还债，工资不能太低，任务不能太重……”我笑了，“你还是想不诚实地活下去，这个世界，唯一的公平就是：上天只馈赠努力的人。如果你肯放低姿态去学习，或许将来的某天真能有所作为，如果只把欠了钱必须工作还债作为你不愿意付出努力的借口，终你一生，你都只会在困窘中沉沦。学习，是我们进步，然后获得更好待遇的唯一出路。”随后，他说他明白了，也许吧！思维的定式，不是几句开导就能改变的。

其实，在我们什么都不是的时候，最好放低姿态去学习。而不是以逞能的方式，去向世界索要。人生就是别人无法代替的一场修行，必须自己孤独地走下去。那些我们渴望得到的东西，都必须通过自己的双手去争取。

控制欲会把爱变成伤害

记得曾经看过这样一段话：“不可以做朋友，因为彼此伤害过，不可以做敌人，因为曾经深爱过！”虽然我始终对这句话的逻辑持怀疑态度，但我却承认它的现实。多少有情人，因为伤害过，做不了朋友，因为深爱过，又做不成敌人，于是只好做最熟悉的陌生人。不过，这样的现象，更多的是出现在家人之间。

由于血脉一家，所以深爱毋庸置疑。也由于血脉一家，彼此连胎记是什么模样的都知道，所以相互伤害起来，也无人能及。无数的爱，在伤害中走向了分崩离析。

很多时候，我们常常以为：对一个人的期待，是爱；照顾一个人的生活，是爱。所以，我们不断对一个人产生期待，不断要求他按照我们想要的那种方式去活。为了强化我们爱的感觉，就去做一些自己以为爱他的事。诚然，这是爱的一种方式，但这种方式付出的爱，只是我们想给的。我们并不知晓，对方想要的是什么。

在地铁里，我看到一个孩子满头大汗地坐了过来，想脱衣服，但是爱他的母亲生怕他着凉，于是拼命阻止他。虽然孩子一再叫热，可是固执的母亲却说自己穿那么多都不热，所以他也不热。因为大家都没有脱外套，所以他不可以脱外套。她无视孩子满头大汗的事实，只按照自己想给的方式去爱孩子。多么可怜的孩子啊！他受不了母亲的压制终于哭了起来，一边哭一边脱衣服，母亲不让，好说歹说孩子就是不听，一怒之下，母亲打了孩子一巴掌。我多想说，孩子有他自己的感受，一路跑来，热是自然的。

爱一个人，不是让那个人按我们自己想要的方式来活，而是在尽可能地保护他安全的情况下，让他成为他自己，这样，他才会快乐。否则，我们的爱不是爱，而是打着爱的名义，理直气壮地绑架别人。可惜的是，很多人的爱，都成了另一个人的不堪重负。因为，他们的爱，其实是一种自我需要，这需要另一个人来满足，于是他们便把这种需要当成了爱。一些人，在这些爱的束缚里萎靡了下去，一些人，在爱的叛逆里活了出来。

刘强东自小被父母管理得妥妥的，按部就班地上学、升学，然后到日企工作，再然后交了一个大家都认可的女友。后来，他蓦然发现，自己一直在用别人的方式为别人活着，他决定改变。于是辞去了大家都觉得很好的日企工作去做最底层的销售员。父母很反对，女友也不解，觉得他简直是胡闹，那一阵子，他几乎成了全世界的仇人。好好的工作不干，跑大街上发传单，受白眼，是在闹哪样？所以那时的刘强东痛苦得无以复加。好在他够坚强，到底挺了过来，于是才有了现在的京东商城。

很多时候，我们的亲人，我们的爱人，都在用他们以为好的方式来爱我们，他们用自身的经历去告诉我们，路要怎么走才好。他们用自己的渴望告诉我们，要拥有什么才幸福。但是，我们来到世间，不是为了用别人的方法去为别人活，而是要用自己的方法为自己活。于是很多人便在这两种矛盾中纠结着，痛苦着。

很多人会觉得自己很委屈，他们常常说：我是为了他好啊，我是怕他受苦啊，我是怕他受伤害啊……其实，你的怕，只是你的感觉。你觉得，他以你喜欢的方式过，你就不怕了，你才会舒坦。你追求的，不过是自己的舒坦。爱一个人，应该让他以自己喜欢的方式过一生。其实，受苦也是一种权利。很多时候，我们固执地对人好，却造成了很多伤害，因为我们剥夺了别人选择的权利。如果爱只是一意孤行的主观感受，那么，我宁愿这样的爱不存在。

有一个女孩，由于从小受够了贫穷的苦，所以她的最大愿望是变得富有。十五岁多点便早早地终止了学业，去沿海城市打工。为了挣钱给家里盖房子，为了给弟弟存钱娶媳妇。十几岁的她啊，还完完全全是个孩子，但她愿意为了家而付出一切。

流水线工人，拿的是计时工资。那时，她的底薪才两百多，加班费是一块五一小时。为了多挣一点儿钱，她几乎天天加班。这样一个月下来，她能拿四百多块钱。然后，她只留十块钱买洗衣粉等日用品，其余全部寄回家。这样的日子，她整整坚持了两年。随后，她与负气离家的姐姐在一座陌生的城市相遇。两人一起为了那个贫苦的家打拼着。后来，姐姐恋爱了，离开了，以一贯的方式，不声不响地就不见了，几乎算是落荒而逃，因为姐姐的男友，满足不了家人对女婿的期待——钱多人傻长得帅，他只是个贫穷的普通人。

她恨死姐姐了，为什么姐姐总是逃，总是逃。逃家，逃她，生性那么疏离，连与妹妹都不亲。她不明白，为什么一个普通男人可以让她那非常聪明的姐姐死心塌地地追随。更可恨的是，在长达两年里的时间里，姐姐音信全无。当然，她不会去想更多的问题：为什么姐姐那么抗拒和家相关的一切？后来，也许是因为岁月流逝，姐姐已经有了面对的准备，所以又与她联系，告诉她自己生活得还算平安。但是，她同时也得知，那个穷苦懒散的男人，给不起姐姐世俗婚姻礼节的承诺，她不甘心，追到了姐姐所在的城市。只是姐姐依然不愿意离开，她伤感地离去，不断与家里人痛哭流涕地指责姐姐的种种不是。

后来，姐姐离开那个人，不再依靠男人而活了，但与家依然是疏离的。虽然她与父母知道姐姐在哪个城市，但要不是与姐姐联系，她就不会有什么消息。姐姐是从来不会主动打电话聊天或问候的，除了给家里人寄钱的时候。以至于某年生日那天姐姐突然打电话祝福她，她竟然感动得哭了。原来，姐姐是记得她的。

她爱家人，所以要给家里最优渥的物质生活；她爱姐姐，所以不断给她收拾人生的烂摊子，在姐姐求助的时候，总是义无反顾地付出。在不断努力下，她有了自己的事业，也终于有了大房子，然后，她希望，聪明的姐姐和她住在一起，她可以保姐姐一世安稳。姐姐去了，可惜没两天两人就大吵一架。两个月里吵了十多次架，她那样地爱，姐姐却那样地不理解，竟然觉得宁愿行乞度日也不要她给的安稳。

她伤心痛哭，原本一直以为，总算盼到了好日子，可一切都是她的一厢情愿。她为家付出了那么多，却没有一个人感恩。姐姐气急败坏地离开了，父亲万般不满地离开了，母亲痛哭流涕地离开了……她不懂为什么！她不知道，自己在有意无意中，终日让身边的人承受着爱的伤害。

她总是强迫身边的人按照她认为好的方式去活，每一个和她生活在一起的人，都必须按照她的意志行事，所以觉得非常压抑。因为她不懂得，我们必须尊重个体的选择，所以她总是替别人选择。因为拒绝承认每个人的独立性，所以她总是把自己的观念强加于人，觉得自己想要的，一定也是别人想要的。比如，孩子不喜欢吃鸡蛋，她非逼着吃，还逼着全家人监督。嫌姐姐的妆化得不好，非得强迫姐姐化成她喜欢的样子。她信宗教，总是强迫姐姐相信她崇拜的某个人，她不知道，经历岁月的洗礼和知识的升华，姐姐已经有了自已完整而独立的精神世界，不再需要假借某尊神佛或某个人来诠释生命的疑惑。一个人如果已不再疑惑，却要被强行植入一些自己不需要的理论，就会非常痛苦。生命并不需要六道轮回来解释什么，也不需要一个上帝来创造什么，更不需要一个主来承担什么，生命承担自己，独生独死，无有代者。我们怎么可能让别人来承担我们的整个人生期望。她的控制使得每一个人都活得极其痛苦。她对家人的爱与照顾，是不能承受的生命之重。

我们一味要求自己所爱的人要以某种方式幸福，一味地害怕他们受伤受苦，是因为我们受认知模式的局限，纯粹把苦难看作人生中消极的、要彻底避免的东西。虽然苦难与幸福背道而驰，但它们都直接和灵魂有关。在通常情况下，我们的灵魂是沉睡的，只有我们感到幸福或遭到苦难时，它才会醒来。周国平说，生命意义仅是灵魂的对象，对它无论是肯定还是怀疑、否定，只要是真切的，就必定是灵魂在出场。外部的事件再悲惨，如果它没有震撼灵魂，也成为一个精神事件，就称不上是苦难。

一个人唯有经历过磨难，对人生有了深刻的体验后，灵魂才会变得丰富，而这正是幸福的最重要源泉。现实中的幸福，应是幸运与不幸按适当比例的结合。让生命个体根据自己的意愿去选择最好的成长方式，无论是吃苦还是受罪。无论是谁，都没有剥夺别人自主成长方式的权力。因为我们来世间一遭，所能拥有的，不是财富，不是名声，而是经历和感受。于我们来说，最珍贵的也是人生的经历和感受，欢乐和痛苦都是收入，现实生活中的祸福得失并不要紧，命运的打击因心灵的收获而得到了补偿。陀思妥耶夫斯基在赌场上输掉的，却在他描写赌徒心理的小说中以极其辉煌的形式赢了回来。

别让自己的爱成为对他人的伤害，让他们去经历，去体验，去吃苦，去流泪，因为那是他们人生中最最重要的权利。

那些不合理，其实理所当然

有一天，知云和尚去参访石头禅师，二人谈兴很浓，说说笑笑不知不觉来到了江边。这时一位船夫正将沙滩上的渡船用力推向江里，准备载客过江。船下水后，沙滩上留下一片被压死的螃蟹虾螺，让人心生怜悯。

知云看后不禁向石头禅师问道："请问大师，刚才船夫推船入江，压死不少虾螺，这是乘客之过，还是船夫之过？"

石头禅师毫不犹豫地答道："既非乘客之过，也非船夫之过！"

知云不解，又问："乘客、船夫都无罪过，那究竟是谁之过呢？"

石头厉声说道："是你的罪过！"

知云听后，莫名其妙。

石头禅师这才娓娓道来："佛教虽讲六道众生，但是以人为本。站在人本立场，船夫为谋生计而赚钱，乘客为了过江而搭船，虾蟹却又为了藏身而被压，这是谁之过？罪业由心造，心亡罪亦无，无心怎能造罪？纵使有罪，也是无心之罪，而你却无中生有，自造是非，这难道不是你的过错吗？"

知云听后默然不语。

世间真的有所谓的对错之分吗？

答曰：世事本无对错，我们有了对错之分心，世间才有了对错。我们要那样去看世界，世界才成了那个样子。人是被自己作死的，所以网络上特别流行一句话："不作，就不会死！"这里的"作"字，已经成了没事儿找事，无理取闹的代名词。其实，这句话和一句古语的意思是很相近的，那就是"自作孽，不可活"。

乘客无意伤害虾蟹，船夫也无意伤害虾蟹，但知云却站在了虾蟹的立场，要去分一个是非功过，于是，是非功过就出现了。但所谓的是非功过，本来是不存在的啊，全是因为我们有了观察利害的立场，才有了是非功过之分。也恰恰因为我们有了观察利害的立场，所以我们才会对一些事击节称赞，对另一些事愤愤不平。

无数人抱怨，一些富人的一顿饭，糟蹋掉的可能是底层多少百姓一生都挣不来的积蓄。无数人不理解，为什么一个人可以为了一己的炫耀，宁愿买无数奢侈但却不太实用的东西，也不愿意救助一个可怜的失学儿童。虽然这种指责也不是没有道理，但若真的想提高认知力，毕竟心中少些不平会更快乐，就不能这么狭隘地看问题了。我们之所以对富人一顿饭糟蹋掉可以让不少最底层的百姓生活好一点的钱那么痛恨，是因为我们站在了那些可怜的百姓立场去判断是非功过。一个人放弃拥有，并不构成另一个人的必然得到。富人没有非得帮助穷人不可的责任，他们可以选择自己的消费方式。如果有价值交换（无论我们是否认可这些价值），别说一顿几十万，就是无数个亿也可以，只要他支付得起，只要他愿意。如果没有价值交换，别说一块钱，一分钱不舍，也都是他自己的选择。

或许我们会慨叹造化之不公，为什么一些人会拥有那么多，还能疯狂搜刮更多。而另一些人本来就只有一点点儿了，可是他们连这一点点儿都要失去，真是太不公平了。听上去，这种慨叹很合理，其实不然，慨叹者如此慨叹，无非因为自己站在了那些只拥有了一点点儿却都保不住的人的立场上去判断是非功过。

这让我想起一部电影《奇异恩典》来，我个人非常喜欢这部片子，因为它体现了一种可以不为一己之利而奋斗终生的伟大情怀。主人公出身于富裕之家，是英国上议院议员，和首相是好友。以他的地位和身份，完全可以过着取次花丛的无忧生活，但是，他终其一生，都在为解放黑奴而奋斗。一次又一次提交议案，一次又一次地被驳回，最后重病不起。他怜惜黑奴王子，因为王子本来可以过着比他还要好的生活，自从被贩卖为奴后，只能终日受着皮鞭之苦，身上有无数处因为干活不力或工头发怒而落下的伤疤。为了控诉贩奴之残忍，黑奴王子写了一本书，记录自己经历过的贩奴史，一时竟成了畅销书。他借举办海上聚会之名，把一干贵族骗上贩奴船，要他们亲眼看看，那些和他们一样是人的奴隶，受着怎样的虐待，过得有多可怜。后来，法国革命的影响传到英国，海权法律给了他一个空子，他终于成功通过法案，使得贵族们再也无法贩卖奴隶……本来一病不起的他，因为这条法案的通过，整个人生都变了，他不仅健康了起来，还生了两个孩子……

我被这部电影中的主人公那种崇高的精神深深地折服。但当我了解到《奇异恩典》原著作者的经历后，我对这部电影的爱减弱了许多。原来作者自己曾经是个贩奴商人，只是因为有一次在非洲被捕，沦为奴隶，经历了长达数年的奴隶之苦，所以才能站在黑奴的立场上，去为他们申诉。

世事本没有不公平，有的只是具体到个体的存亡利害，也只是因为有了自身的利害，个体才产生了不公平的感觉。蓝鲸一口就能吃掉数吨鱼虾，只是因为它捕食不必进行血腥的扑咬厮杀，才使得它看上去比虎鲸无害。一种生物的一顿饭是另外一种生物的千万条命，这种事件，无时无刻不在自然界上演，但是我们却没有不公平的感觉，因为那无关我们的利害，也不会让我们看到自己还缺少什么。富人的一点点的奢侈消费，却能极大地刺激我们的神经，因为我们可以从他们的行为中看出切身的利害，原来我们拥有的那么少……有了如此的计较，才有了如此的不公平。

其实，人与人之间，形质差异不大——这不是理由，我们的基因图谱与大猩猩的差别非常小——但本质的差别却是整个食物链的差别，有从蓝鲸到鱼虾的差别，也有从老鹰到老鼠的差别。生命与生命之间没有不平等，一只蚂蚁的生命并不比我这个编辑的生命更低贱，但却有生命任务设定的不同。我要编很久的书，写一些稿子，然后在平静的绝望里迎接死神的驾临。一只蚂蚁可能要为蚁后服务一生后迎接死神的光临。相比之下，我这个庞然大物似乎占据了一些优势，但是蚂蚁不会有什么愤慨，因为它不想和我比。它的心智模式里，没有关于我的概念。我也不会和它比，哪怕它是蚁后，我也一点儿不会羡慕，因为我的心智模式里，它影响不到我的利害。因为我们活在只关乎自己的心智模式里，所以，一丁点儿切身的利害，都会引发我们的不满，如果我们可以跳出只关注自己的心智模式，跳出本能反应的心智模式，如果站在一个彻底的观察者立场上，或许，我们会发现，有一些所谓的追求公平，只是一种受伤后的反扑，只是一种阻止我们走向通达和快乐的障碍。

那些不合理，其实理所当然。内心没有不平，我们就不会有痛苦。如果我们能学着去理解万事万物存在的合理性，心中的计较就会放下很多。从此以后，虽然依然会有本能性的痛苦，但我们终于可以慢慢去调适那些只会制造更多痛苦的负面情绪，慢慢建立一套更健康，更懂得享受幸福的心智模式。从此，无论生活有多么的不确定，我们都会因为有一份只属于自己的坚定而不再过得那么彷徨。

若是不理解，我们还可以尊重

每一个生命都有着完全不同的历程，每一种意识结构都经历了自己独特的形成方式，不能因为自己是牛马爱吃草，就认为他人喜欢吃肉是故作高贵冷艳。一个人的受教育程度、思维模式和承受能力决定了他个人的感受以及他面对各种感受的方式，我们应该以包容的心接受一切。只要以无所求之心修一切善，便不会有什么是放不下的。

有句名言说得好，世界上只有两件事最难：一是把自己的想法装进别人的脑袋里；二是把别人的钱装进自己的口袋里。

是啊，我们终生都在干着这两件最难的事。动不动就想让别人按自己的意愿来活。我们常常认为，自己的感受就是别人的感受，只要他人的感受与自己不一致，就会完全否定。子曰：己所不欲，勿施于人。生活在一个“别人”组成的社会中，你不是独自在奋斗；心存他人，时刻记住尊重别人的感受，才有可能更好地与人相处。

如果你每时每刻都只想着自己，有谁会愿意和你待在一起？如果你顾及别人的感受，主动为别人着想，站在对方的立场上考虑问题，那么，结果就会完全不一样。当然，每个人都不可能代替他人体验生活，所以，我们无法完全明白别人的感受。但我认为，当自己的感受与他人产生巨大差异时，即使我们不理解，至少也要做到尊重。但总有那么一些人，总是不大尊重别人的感受。但凡他人的感受有一丁点儿与自己不同，便完全无法接受，拒绝承认个体的差异。这种人的心理模式是病态的，他们只相信自己的感受和判断，一切不以他们个人意志为标准的，他们都加以斥责和批评。

前一阵，我看了一个关于产妇抑郁症的贴子，说一个绝望的产妇杀死孩子后自杀了，看完之后，我的心情十分沉重。里面跟贴的一帮人，由于虚假同感偏差效应，总是一味地把自己的感受强加于别人。有人说，不就是生个孩子吗，我不知不觉就生了；有的人责备自杀者变态，因为她生了孩子后感觉很快乐，拒绝相信自杀者的痛苦；更可笑的是一些男性说，生孩子不就像如厕一样吗？对于这些人，我真的很无语，他们自己没有用别人的心灵去经历别人的人生，不能理解每一件事于具体承受者的影响，所以便认为别人的痛苦是矫情。

若在某方面的打击，不是他的软肋，对他没有造成多大的实质性伤害，他便觉得那种打击是不大要紧的。于是，他们非常不能理解另外一些深受打击的人，因为这一打击恰好中了人家的软肋。他们会动不动就说，我也经历过的啊，没有那么难啊；我也感受过的啊，没有那么痛啊。并且他们有一些习惯性毛病——喜欢代表别人，他们觉得他经历的感受，就是别人经历的感受。如果别人的感受与他们不同，强烈了，便被认为是矫情；弱小了，便被认为是无良。我本来也想回两句的，但一想到个别群体的各种极端、各种偏执，便放弃了这一打算。

虽然我们可以用同理心，把自己代入某个人的境地，去想象自己的情绪反应和生理反应，这在一定程度上是正确的，毕竟人生的困扰大致相同。但是，我们忽略了一点，忽略了有史以来最高深的成语之一：大同小异。是的，我们大致差不多，但具体到个人，又有小的差异。而这个小异，恰是人与人之间的最大差异。面对同一条件，我们大多数的反应有个差不多的状态，但也有不少时候，同一条件下的我们，感知、感受完全不同。

我不得不说，有些人真的过于自以为是了。他要是觉得糖好吃，就恨不得天下人都认为糖好吃；要有人表示不喜欢糖，他便觉得自己三观被挑战了。当然，每个人都只能“自以为是”，但是，我们完全可以在“自以为是”的同时，尊重一下他人的“自以为是”，我们总在讲求同存异，别人和你有点不同就不行吗？

要知道，虽然我们的情感和欲求大致相同，但具体到个人上，还具有体质差异——不然为什么有各种病？还有认知力差异——不然为什么那么多人见过苹果落地，只有牛顿发现了万有引力？更有承受力差异——你试试，同样的重力打击作用于男人和女人、大人与孩子、老人与病人，是不是完全不同？

有的人心智成熟，心理承受力极其强大，可以强大到强风吹不动；但有的人心智与心理承受力极其弱小，一句流言足以殒命，这样的例子不胜枚举。

别人踹你一脚，如果你是一头大象根本无关痛痒；如果你是一只蚂蚁，一百个你也死翘翘了。你怎么可以用大象的感受去批判蚂蚁？人家痛苦、抑郁，自然有各种你没有感受到的力量产生的作用，你可以不理解，但不可以不尊重人家的感受。如果你不喜欢，可以远离，但痛苦于别人是真实的存在，不同情就罢了，还要恶毒诅咒，对得起良知吗？这个世间，谁一生还没有过一段看似不可理喻的时光？

所以，接受他人的不同吧，你并不知道哪些是人家的软肋，你并不是他，你没有资格去批判一个痛苦的具体承受者。一颗尊重的心胜于一切。

接受自己是一个普通人的设定

观亡与失，永远是让心灵迅速成长的不二法宝。我第一次见识死亡，是七岁那年奶奶的自杀。我不知道是什么原因，让一个七十多岁的老人家以如此激烈的方式离开，我只知道，她静静地躺在凉椅上，似乎睡觉了一样，并不像自杀那么难看，反倒挺安详的。我觉得，她就那样静静的，很好。只是她的脸上有一种表情，那表情不是恨，是一种迷茫。

很久以来，我一直在想为什么我见亲人离去从来不悲伤。或许因为生性凉薄，或许那时，我还不懂生死的真实意义。奶奶走了，像从来没有来过一样。多年以后，我除了知道有这么一个人之外，除了和她短暂相处的一丁点儿回忆之外，再也找不着她的痕迹。

村子里一年到头总会死一两个人，不过，我亲眼见的不多。奶奶死后的好些年里，我都没有再次见过死人。第二次见的死人，是我的邻居。在我的印象中，他一直病怏怏的。我从他面前路过时，他会翻一下混浊的小眼眸，和我打趣两句，然后继续蜷缩在他的大衣里。

于我来说，有他，天空不会常蓝，无他，依然会有晴天。他是那个和我看似彼此有交集但却毫无关系的人，顶多遇上的时候，叫一声三表叔罢了。一表三千里，这个名义上的表字，连十八竿子都打不着。或许他和我奶奶的某个娘家人的亲戚的亲戚有点沾亲带故。作为孩子的我，对这个三表叔，更多的不是尊重，而是好奇。那样一个满脸皱纹的老头，躺卧在屋檐下的椅子上，说不出是一种什么样的感觉。

突然一天，就听见母亲说他要死了。我跑到他的椅子边，只听得一边的人问他有没有什么心事未了，一边说不要这样不要那样，免得他轮回的路上有悲伤。我看着他，也没有对死的惧，只有好奇。他已经不能说话了，只是还有一口气没落下。后来，不知道谁说了句什么，那口气呼了出来，他终于是走了。但是小眼睛却张得大大的。不知道是不舍，还是茫然。我总感觉，他好像在问："我这是要去哪儿？"是的，他死的时候，一脸茫然，就像我活得也很茫然一样。

但是，那时过于年少，以至于对生死都不尊重，总觉得，和自己无关，不是我的家人，我还小，要活很久。那时的人死，只是我口中的谈资。而今，我才明白，死亡，可能是我随时得迎接的“礼物”。我所能拥有的，只是生之后死之前的那个过程，我活的只是生死之间，所以必须要像随时要离开那样做好准备，像永远要留下来一样努力去拼。

来的时候，我们以为要去抓什么，所以紧紧握着自己的小手。走的时候，我们才发现，其实连肉身亦带不走，何苦再执着什么，于是懂得了撒手。从生到死，是一个从执着到放下的过程。此时，我才明白，生死之外无大事，没有什么得失，可以超过生死。虽然，生死亦可如花叶般相忘。但是，道理易讲，行证难为。我们就是爱执着，爱计较得失。因为害怕失去，所以我们努力去避免一切主观认为会产生的恶果。因为我们不想面对失去，所以在很多时候，我们不敢诚实地生活，处处隐瞒，处处欺骗。

多年以前，我觉得善于欺骗是一种能力，因为那些谎话连篇的人，过得似乎比我好。多年以后，我才发现，真正的能力是诚实。因为没有能力承担诚实的后果，所以我们选择了谎言，选择了欺骗或隐瞒。虽然我们有种种借口，如不想伤害别人，不想领导生气，不想妈妈担心，不想男（女）朋友或老公（老婆）怀疑……种种打着不想伤害别人旗号的欺与瞒，其实最终都是为了让自己过得好一点儿，或让自己好过一点儿。

诚实，是一件多么困难的事。

我对领导说，稿子下午就好，其实我是在兜售幻觉。十多万字的原创稿子怎么可能一两周就写好，就算我天天状态不错，那也是不可能的事。但是我怕领导不高兴，所以想了个缓兵之计，希望通过加班或其他办法来完成我的承诺。有状态的时候，一天一万字也没问题，但状态这玩意儿不会没有，却不可能一直有。总是在热血沸腾地写完一大段后，开始心绪飘荡、精神松弛。嗯，说到底还是被本能控制，一会儿想玩儿，一会儿想睡，一会儿又想看看有什么热门话题。自制力在这个时候是基本靠不住的。你能控制自己的唯一原因是一种需求或利害比另一种更重要。

为了让自己过得好一点，我们不停地向他人兜售幻觉。可惜所兜售的那些幻觉，总是离现实太近；我们所说的那些谎言，太容易拆穿——我明天就给你结果，我下周就弄出来，我下个月完成些什么，这些都那么容易被验证真伪。就像我多年以前和妈妈承诺说我长大后要给她买最贵的貂皮大衣一样，我长大很多年了，可是连像样的衣服也没有给她买过，更别说貂皮大衣了。

为了让自己在心灵舒适区里待得更久一点儿，我们总是拖延，总是逃避，总是欺骗。虽然没有多大的恶意，可是我们却一次次地玩弄人家的期待，玩弄人家的希望。自己把自己活成一个骗子，然后看着自己被毫不留情地拆穿，然后再眼睁睁地看着自己自作孽后不可活，埋怨自己被生活欺骗。我们都在做什么？

不敢选择，不敢面对自己必须要面对的。总觉得失去一些什么就会很难受，于是，咽泪装欢，瞒瞒瞒……因为自欺，所以总觉得怎么做肯定会对别人好点；因为欺人，总想让他人高兴，总想得到他人最大化的认可，所以我们要尴尬地面对被拆穿的那一刻……

世间最令人痛恨的事，莫过于自己的希望一再被玩弄。如果我们自己都不想自己的希望被玩弄，最好还是诚实。

我相信，如果有可能的话，多数人都不希望他人对自己失望，多数人都不想把美好的承诺变成令人愤怒的愚弄。只是，我们在大多数时候，总是因为不忍拒绝而承诺太多自己做不到的事，以维护自己“神”一样的存在。轻诺则寡信，用人的身躯承担“神”的责任，往往就是不诚实的开始。如心理专家汪冰老师所言，我们有一种拒绝面对自身人性局限的惯性，不愿意让崇拜者或自己在乎的人看到自己令人失望的一面，完美主义本能使我们很难拒绝被神化，对内心和他人的诚实都是如此的不容易，以至于我们几乎在绝大多数时候，都说着各种不同程度和类型的谎言。我们不敢说实话，因为害怕得罪人，因为害怕自己令人失望。

我也相信，只要不是想以欺骗谋求纯粹的物质性利益的人，都不会是恶意的欺骗者，虽然每一个人每一天都在或多或少地说着动机不一的谎言，但多数时候，我们只是为了使事态平衡，使冲突放缓，使他人对自己减少些敌意，虽然这也是自私行为之一，却与“己所不欲，勿施于人”的道理不谋而合。如果你不想被他人伤害，那么就不要伤害他人，这大约是多数非绝对欺骗性谎言得以存在的基础吧?

不过，多数以照顾他人心思为目的的违心之言，往往到最后会变成伤人最深的欺骗，而这种欺骗，有时比直接遭遇物质性欺骗还痛苦得多。因为，物质性欺骗的牵涉对象多半较陌生，涉及情感较浅，导致的损失也多为纯粹物质性或经济性损失；而顾念他人心愿的违心之言，其对象多半是较熟悉的人，情感成分较深，造成的痛苦则多为精神上的愚弄，重的则可以导致一个人的价值观完全崩溃。

如果我们总是不敢诚实，总有一天会发现，自己做过的每一个承诺，都有可能无法兑现。我们给别人的每一个期待，都会第一时间破灭，甚至连对他人的好意，最后都可能成为弄巧成拙的恶行，你费了九牛二虎之力取悦他人，得到的却是伤害他人带来的怨恨……

多数辜负都源于不敢拒绝，但短期的懦弱逃避，最后会因为强大的蝴蝶效应，形成你再也逃不过的情感坑洞。所以如果我们希望未来过得不那么失控，我们就要学会诚实地生活，不要因为害怕他人否定自己的价值而轻易承诺，无论对方究竟是谁。

我们要面对最真实的自己，接受自己是个普通人的设定。因为我们的不诚实恰恰是不断掏空生命力量的罪恶之手。如果自己都不丰富，又何以供养他人？空虚的生命，只会有索求，而不是奉献。

人生寄一世，奄忽若飘尘。学会诚实地生活吧，虽然开始的时候会很难过，别人也会觉得惊讶。但是，诚实就是你的人生信用卡，你越是按期还钱，银行就越愿意把钱借给你。我们的承诺，是对他人的负债，一定要按时还钱。生命都会消失，我们又何必害怕因为诚实而必须要面对的结果？

从现在开始，学会诚实地生活，承认自己有一些事情做不到，放弃一些不合理的掌控欲，少占有点什么，并不是失去。承诺自己可以做到的，然后心安理得去享受自己所得到的就好。

示弱也是一种力量，没必要强撑

人什么都可以丢，就是不能丢脸，我们不时这样暗示自己。

在这种暗示心理的驱使下，我们变成了好面子的人。好面子并没有错，但是如果过度了，从好面子变成了死要面子，那么不仅自己活受罪，还会影响到身边的人。

好面子的人非常抵制“拒绝”这个词。不管是拒绝别人还是被人拒绝，他们都没法容忍。他们意识不到拒绝是一种权利，人人都能行使。在他们看来，拒绝别人就表示自己无能，被人拒绝就表示对方不尊重自己。

为什么不放过自己呢？面子并不是最重要的东西，重要的是明白自己需要什么。被人拒绝了又怎样，谁没有被拒绝的时候？拒绝了别人又怎样，你并不欠谁什么，凭什么不能说“不”？

我认识一个非常要面子的女强人，她工作能力突出，在公司有自己的一席之地，因此平时表现得居高临下，盛气凌人。她不能容忍别人拒绝她，也不准许自己拒绝别人。不知是不是性格使然，她身边并没有太过亲密的朋友，随着在公司职位的提高，她变得越来越强势，甚至到了咄咄逼人的程度。因为人缘一般，有时看到公司里年轻的女孩在一起说笑，她甚至会疑心大家在取笑她，笑她戴个冷面具。除了同事，她对自己的家人也疑神疑鬼。孩子不听话，那是故意在给她找茬；丈夫不冷不热，说不定是有外遇了……各种各样的想法占据了她的大脑，在人前她依然心高气傲，可在四下无人的夜里，她的内心却濒临崩溃的边缘。

即便有些误会只要沟通一下就能真相大白，有些郁结只要倾诉出来就可以轻松很多，但她仍不愿意去尝试，因为她觉得这种行为是一种示弱。从小到大她从来没有畏惧过什么，她想成为女强人，也热衷于给自己树立这样一个形象。作为一个强大的女人，从来都是她主动帮助别人，如果转头向那些不如自己的人求助，她会觉得丢脸。她努力维持着精明能干的形象，殊不知在别人眼里，她越来越难以理解。

公司的事，家里的事，别人的事，自己的事，所有的这一切将她团团困住，她觉得自己快要窒息了。可是就算是这样，她还是不愿意开口，因为一开口，她就输了。她不知道这样的输赢到底有什么意义，并没有谁在和她打赌，并没有谁在和她比赛。可是，她就是不想输，哪怕是输给一个不合常理的意念。

谁都知道这样的状态不能长久持续下去，终于，她最亲密的人打破了这种局面。丈夫向她提出了离婚，因为他受够了强势敏感的她。苦苦哀求、以泪洗面这种事，她做不到，随即同意离婚。离婚的事，她没有对任何人说，虽然说出来可以得到别人的同情，但是她最不需要的，就是别人的同情。她是骄傲的、坚强的、有尊严的女强人，至少她自己是这样认为的。

可是，再怎么自我麻痹，再怎么努力表现得不在乎，伤害还是在，并且不会因此而减轻。在不知不觉中，她患上了抑郁症。她变得瘦弱，而且精神不振，同事们担心她的身体，建议她跟公司请年假调养一段时间，但在那些担忧的神情背后，她对关心视而不见，只觉得对方是在幸灾乐祸。

我最后一次见她，她已经辞职了。她不是主动辞职的，是家人和公司半强制让她休养。她的母亲和弟弟到公司取走了她的东西，据说他们已经帮她请了心理医生，会一直陪着她直到痊愈。

希望她可以放下沉重的面子，治好自己的拒绝恐惧症。

现实中，有不少类似这位女强人的人，把所有事都扛在肩上，憋在心里，最后事情没得到解决，反而让自己身心俱疲。

其实，很多时候，示弱也是一种力量，也会得到别人的理解和支持，而一味强撑，只能是给自己找罪受。

第五章

唯有柔软能对抗世间所有的坚硬

心智模式决定了你过什么样的生活

本能程序有着极强的惯性，它让我们成为最没有理性的攻击者，然后又让我们成为受害人。我们不努力走出本能的惯性，就只能重复上一辈的老路，把自己变成父母的续篇。无疑，家庭环境会对我们的性格产生决定性的影响，但这决定性影响是正面的还是负面的，却完全由我们自己的认知力决定。而我们是主动地活着，还是被动地活着，也完全是由我们的认知力决定的。

为了研究父母对子女的影响，弄明白认知模式是由先天遗传决定的还由是后天环境改变的，一个社会学家收集了很多同卵双生子的家庭资料。同卵双生子的遗传基因相同，他们的行为变化可以帮助我们了解遗传和后天环境对认知模式的不同影响。在所有的研究样本中，有一对双胞胎兄弟是这个社会学家小时候的街坊。这对双胞胎兄弟有一个酗酒的父亲，脾气暴虐，动辄对他们两人大打出手，他们的童年备受虐待，留下了很多心理创伤。

长大以后，他们去了两个不同的城市工作，各自成立了家庭。社会学家联系上了他们，并决定去拜访他们。他先去拜访了哥哥，进了哥哥的家门后，他看到的是凌乱的房间，到处都是酒瓶，两个孩子怯生生地望着来访者。当社会学家问哥哥为什么把日子过成这样时，他开口说："你知道我是从一个怎样的家庭出来的，你也知道我有一个怎样的爸爸，我能怎么样？"

过了几天，社会学家又去了另一个城市去采访弟弟。进了弟弟家门后，看到的却是另一种景象：整洁的环境，和睦的夫妻和可爱的孩子。幸福洋溢在每个人的脸上。他大为惊讶，为了研究的客观、准确，他多次去弟弟家，最后终于确信，弟弟的幸福是真的。于是，他奇怪地问他为什么会有这么幸福的家庭，这位弟弟的回答和哥哥一模一样："伙计，你知道我是从一个怎样的家庭出来的，你也知道我有一个怎样的爸爸。你还能让我怎么样？"

这对双胞胎兄弟有着同样的遗传基因、同样粗暴的父亲和不幸的童年，也有着同样的问题：有了这样的经历，你还能让我怎么样？他们的回答，甚至在字面上也是一样的。但是他们对自己经历所作出的回应是截然不同的。哥哥被早期的痛苦牢牢控制，由于缺乏理性的反思，他唯一的选择就是被动地复制父亲的模式：我也只能这样了。而弟弟却是在理性而痛苦的反思后做出了完全相反的选择：我再也不能这样了。

《礼记》说:“知为人子，然后可以为人父”。一个“知”字，解释了为什么在同样的环境下，每个人会做出完全不同的选择。这个“知”就是我们的认知模式，就是我们的心智模式。

我们很多人都只是受本能情绪的支配，所以他们虽然也活着，但却活得十分被动，被动地理解环境对自己的意义，被动地接受过去熟知的经验，而不会分析这些经验或过程的合理性，更不可能有什么个人见解了，难怪黑格尔说：“熟知并非真知。”这些可怜的人，磕磕绊绊地弄明白了别人解释世界的工具，如语言、概念等；然后又磕磕绊绊地学得了一点儿别人的解释方法，如唯物论、唯心论、六道轮回论或上帝造物论，如此种种。人生最大的悲剧莫过于，我们活到最后，只会用别人的工具和别人的方法来解释自己的世界！没有学会用自己的方法去解释这个世界。这就是为什么很多人不懂得对自己的经历（无论好坏）做出选择，不会用理性的反思跳出痛苦经历的桎梏，不能成为自己经历的主人，反而成为自己经历的奴隶。认知力有一点点差异，结果就产生了如此大的不同。

那么，上述例子中的弟弟，是不是就有主动意识了呢？我看未必，自己小时候挨打的经历实在太痛苦了，所以自己坚决不打孩子，要给予孩子爱与自由。但是，如果缺乏理性的反思，虽然可以远离粗暴，却也有可能失去对孩子的必要约束，忽略培养必要的规矩，结果只能用极端的溺爱替代极端的严厉。从一个极端走向另一个极端，只是表面看起来不同，但都没有真正地从过去的模式中走出来。

“我受过的苦不想再让自己所爱的人受。”这种简单的改变依然受制于低级本能，一个真正主动活着的人，不是用简单粗暴的拒绝去脱离原有的生活，而是会在一切经历中去建立自己认知世界的体系，从此以自己那套经过验证的价值观活下去，不再因为外界有什么变化而动摇自己的内心。

哥哥被恶狠狠地对待，然后又恶狠狠地过自己的日子，是一种悲剧。弟弟虽然也被恶狠狠地对待，却选择了给予日子温柔，虽然不一定有多大的主动意识，但却可以说明，人要靠自己适应社会，而不是靠父母、家庭或社会适应自己。

重庆女孩摔婴案曾闹得沸沸扬扬。一个十多岁的女孩，在电梯里把一个婴儿狠狠摔打一通后残忍地将其从25楼抛下，这是多么凶残，多么缺乏基本人性的一个女孩啊！我们不知道她为何如此暴虐，为何狠得下心来那样对待一个活生生的小婴儿，对生命最基本的尊重都没有。很多人因此责备其父母的教育有问题，他们认为，如果不是父母严重失职，又怎么可能教育出如此残忍的孩子？

但是，父母再如何，孩子都得通过自身的认知去调整自己与世界相处的模式。就像我可怜的母亲，遭受了一辈子暴力对待，在娘家被长辈和哥哥打，嫁人后被丈夫打。随后，由于踢猫效应加遗传效应，她又如此这般对待自己的孩子。丈夫打她，虽然确实有她不会说话的原因，但一个人说话不好听，不构成另一个人可以对其施暴的理由，她完完全全可以反击！

适当的示弱是一种真诚接纳的态度，是尊重和宽容，是人际关系的润滑剂。如果当示弱变成了软弱可欺，变成了无原则的妥协，事情就会走向反面。因此，我们必须调整心智模式。

我就见过一名女性，开始被打时，她选择忍耐。后来忍无可忍，又打不过，怎么办？她趁那男人睡觉后把他五花大绑，那男人惊讶了，他没有想到她如此不可欺，从此再也不敢打她。原来什么都不敢做主的她，此后在很多事上都能说上话了。当你遇上那些依据低级本能行事，欺软怕硬的主时，只有让他明白你并不软弱，他才会终止暴力攻击，也让他学会礼让与宽容，调整自己与别人相处的模式。当然，以暴治暴并不可取。

所以，有攻击情绪或行为的人啊，你们不过是弱者，你所攻击的，都是你主观上感觉比自己弱小的，或者至少是你可以与之对抗的人。

我好长一段时间的签名是："妈妈为什么不打爸爸？"因为我对妈妈的心智模式感觉匪夷所思，怎么可以在痛苦的惯性里习以为常地活下去？不是因为环境，不是因为童年使得她不敢反抗，而是因为她的心智模式里，缺少一个绝地反击的程序，归根结底，是她的心智有问题。

那个摔打婴儿的女孩也是心智问题，而绝不仅仅是家教和社会环境问题。大家对女孩父母的指责，让有一个人看不下去了，讲了自家叔叔被判处死缓的故事。这个人的爷爷奶奶都是高级知识分子，爷爷是一所大学的教授，奶奶是大型国企的副总工程师。他们一共生了四个孩子：他的父亲现在是教授级高工，大姑姑是三甲医院的主任医师，小姑姑是国企的中层。只有这位叔叔，因为杀人而被判了死缓。而且，这是他第三次入狱了。

叔叔15岁时因为把人打成重伤进了少管所，出来以后，家里给他安排了工作，但不久便因为偷窃厂里的东西被抓，被判三年。出来后又因为抢劫伤人被判了五年，刑满出狱不久，又杀了人。全家那点家底，都因为给这个不断惹是生非的叔叔赔钱而折腾光了。似乎有他在，一家人就不得安宁，这一次叔叔被判处死缓，家里人放弃了……

他的诉说惹得一帮人跳得老高，认为孩子有问题，一定是父母对子女的态度导致的，并且认为父母应该承担一切赔偿责任。一个独立个体受制于自己的本能欲望犯了罪，却要另一些人去承担，这是哪门子道理？一个独立个体一有点什么问题就怪别人没有对其因材施教，这又是哪门子道理？

没遇上能对你因材施教的父母，不是一个人可以自暴自弃祸害社会的理由。没人理解关爱，也不是你可以暴虐的借口。你没有创造这个世界，你只是勉强地根据一套低级本能的程序独立运行着，你连重新写入一个心智程序的能力都没有，就别指望自己可以控制这个世界，让世界按你想要的那样去运行了。最在乎你的人，只有你，你的世界会如何，也全由你自己的心智决定。

你唯一可以庆幸的是：多差的程序都可以改进，多差的心智模式都可以改变。通过前面一些章节的探讨，我们基本明白了，自己的心智如何，自己的世界就会如何。那么，我们可以设计几套最有效的模式，载入自己的系统，慢慢改变自己的生活轨迹。

谁都没有义务迁就你的过分

有这么一类人，明明做了有悖公德，损坏他人利益的事，却认识不到自己的过错，反而觉得自己的所作所为是天经地义的。面对这类人时，大部分人的做法是，先迁就一下再另做打算，殊不知一旦迁就了他们，就会让他们变得更嚣张。因此，如果你身边的人对你做了很过分的事，千万不要听之任之，而要勇敢地捍卫自己的权益。

最近，老同学夏风跟我讲了一件让他十分糟心的事。

夏风买了一套新房，既宽敞又舒适，他很是高兴。有一天，夏风外出办事，刚走出屋门就闻到一股骚臭味。以他的经验来判断，这八成是谁家的狗狗在他家门口撒尿了。他心想，有些品种的狗狗不好驯化，难免会随地大小便，再说了，就算是听话的狗狗，在主人疏于看管的情况下，也会捣乱的。于是，这么一件小事，夏风就没往心里去，赶紧出发办事去了。

谁知道，夏风办事回来后，刚走到楼道里，就看到一条狗狗正在他家门口大便。亲眼看到这种事，夏风心里也不太好受，便决定和狗主人交流一下。

夏风仔细一看，知道这条狗狗是邻居王老伯家的，恰好王老伯家的门半开着，他就上前敲了敲门。

王老伯出来后，说："是小夏啊，找我有什么事啊？"

夏风说："刚才我看到您养的狗狗在我家门口大便，希望您以后看紧一点，注意点狗狗的卫生。"

王老伯眼一瞪，说："你一个大人跟一条狗较什么劲，这么点小事，我以后注意就是了。"

夏风不想把事情闹大，就没再说什么。

这件事后，夏风因公事出差半个月，让他意想不到的是，他回家后一眼就看到门口周围有一圈圈狗尿的痕迹，而且还有一些狗狗的大便。

夏风一下子火冒三丈，去找王老伯理论。更让夏风气愤的是，王老伯非但不赔礼道歉，反而倚老卖老，说他家的狗已经养成了习惯，如果夏风看不惯，干脆卖房搬家。

夏风见惹不起王老伯，只好将自己的遭遇向小区物业部门反映了。

物业部门了解情况后，马上对王老伯进行规劝，可是王老伯仗着自己年纪大了，别人不敢拿他怎么样，对物业部门的劝说也置之不理。

夏风见物业部门也处理不了这件事，心里更是难受，便跟我诉苦，请我支招。

我分析了这件事，猜测像王老伯这样的人，连狗狗随地大小便都不管，又怎么可能给狗狗做其他安全防护呢。我初步判断，王老伯很可能没有养狗许可证，还可能从没给狗狗打过防疫针。

于是，我建议夏风以此为突破点，到当地社区治安管理处寻求帮助。夏风别无他法，只好按我的建议去做了。

值得欣慰的是，我的猜测果然没错，因王老伯未曾办理养狗许可证且未曾给狗狗做安全防护措施，治安管理部门暂时将王老伯的狗狗没收了。

王老伯舍不得狗狗，只好办齐了各种养狗证件，并严加看管狗狗，不再让它扰民。

此后，夏风的门前总算是变干净了。

在我看来，王老伯就是那种做事特别过分的人，明明自己有过错，非但不及时纠正，还要让别人迁就他。虽然王老伯年事已高，晚辈们应该予以尊重，但是别人没有义务迁就他的过分，自然要就事论事，秉公处理。

说起做事过分的人，我也曾遇到过。大学期间，我住在一间六人宿舍中，舍友们来自天南海北，生活习惯各有不同，难免会有摩擦。幸好，大家都遵守一个最基本的要求，那就是不打扰别人。比如，早起晚睡的人，要尽量放轻自己的脚步，轻轻关门，不要吵到休息的同学。喜欢打电话聊天的人，在其他舍友已经休息的情况下，就不能在宿舍内接听电话。

很长一段时间，大家都遵守要求，互不打扰，相处起来倒也融洽。

可是，自从舍长谈恋爱后，其他舍友就经常被他打扰。舍长每天都要陪女朋友，回宿舍的时候一般都在夜里十一点左右，这时其他舍友大都睡着了。如果舍长轻手轻脚，悄悄回到宿舍，他晚点回来倒也没关系。令人恼怒的是，他每次回宿舍后，关门的声音总是很大，一下就把其他人全都吵醒了。起初，大家委婉地提醒了舍长几次，舍长嘴上说下不为例，但一时也改不了。后来，大家忍无可忍，就明确提出，晚上十一点后就锁上宿舍门，如果舍长这时还没回来，就只能在宿舍外过夜。舍长没办法，只好搬离宿舍，在外面租了个房子。

生活中，人与人之间因为习惯、作风、品味、观念等各有不同，难免会产生摩擦。但是，凡事都要有尺度，打扰了别人，就要考虑别人的感受。如果总是做出让别人觉得很过分的事，还完全以自我为中心，无视别人的权益，那么别人也不会迁就你。

模式可以切换，心智可以改变

在这个世界上，那么多人都恶狠狠地在过日子，夫妻之间、恋人之间像在进行一场场没有硝烟的战争，你防着我，我警惕你；同事之间，你算计着我，我算计着你；上司与下属之间，你怨着我，我恨着你。生活不易，我们却还要把日子过得难上加难，为什么？因为我们的本能反应模式有问题，而且是一个极重大的问题，那就是欺软怕硬！

我在前文曾打了个比方：如果一条蜈蚣蜇了我，我要打死它，没问题，因为于它来说，我是暴力最强者。如果一个人踩我一脚，我会很生气，但顶多嘴上骂骂：你是怎么走路的，眼睛长在头顶上了啊？如果一个人拿着一把刀，无论从哪方面来看，我都处于绝对劣势时，就算受了伤，我也不会马上反击，而是去想，我到底做错了什么，他要如此对我？

通过一系列暴力比较后，我们不难发现：蜈蚣，暴力最弱者，我不怕，所以可以直截了当地打死它，以泄我被蜇之恨；踩我的人，暴力与我的程度没过大差距，我不太确定有伤害对方的把握，所以只能抱怨一下，不敢轻易进行攻击；持刀人，暴力最强者，我知道我无法与他对抗，我若轻举妄动，轻则受伤，重则丢了小命，我想化解这一危机，所以会问他，自己究竟做了什么事？以至于他要如此攻击我。如果这个原因是我能理解的，我会跟他解释误会。如果这个原因不是误会，我可能会和他商量怎样弥补过失……

从我对暴力最弱者到暴力最强者这样一系列的态度完全可以看出，我是一个欺软怕硬的人。这种欺软怕硬也许是一种良好的本能，它能让我们在极端情况下迅速做出正确的行为选择。我们不喜欢挑衅惹自己不快的弱者，直接灭了省事省心，不用讲什么道理（这一般也是不对的）；面对我们根本无力对抗的强者，我们努力化解危机，一切以满足暴力最强者的需求为原则，也不用讲道理，这样省心。但在这个软硬之间，有一个中间带是既不省事，也不省心的——那就是暴力程度和我们差不多的人。

我们多少人的方法用错了啊！他们少数时候讲理，多数时候相互粗暴对待。在这个中间地带里，你我相互依赖，所以不能离开。你我暴力水平并无过大差异，谁都没有能力占据绝对优势，所以我们相互攻击，从此冤冤相报没完没了。如果你知道，自己所攻击的都是比自己弱的人，你只是欺软怕硬，你还会觉得自己的攻击是理所当然的吗？你唯一生气的是，你虽然攻击的是比你弱小的人，但你却得到了同等程度的反击，受到了同等程度的伤害。所以你不甘心，又继续释放自己的伤害力，想以暴制暴，于是你的整个世界都处于攻击与反击之中。

你的以暴制暴并没能解决你的问题，因为，欺软怕硬这个方式用在彼此能力差不多的人身上没有作用，因为他们有能力反击，不一定赢你，但却足以让你受伤。你们的相互伤害，唯一结果就是两败俱伤。要避免这种后果的唯一方式是主动停止伤害别人，别人就不会再攻击你。

我看过一个有些内涵的脑筋急转弯问题，A、B、C三人进行决斗，分别站在边长为1米的正三角形的三个顶点上。每人手里拿着一把只有一发子弹的枪，每个人都是神枪手，不会失手。如果你是其中的一个，三人同时开枪，请问，你要怎么做才能保证自己存活下来？你或许已经在努力思考策略，比如A和B都打C，但如此一来，C必然反击A和B，无论是谁，都只有50%的存活机会。也许你还在想其他种种可能的策略，但正确的答案是：迅速放下枪。比如我是A，我放下了枪，我便不会对他们任何人造成伤害，能伤害他们的是有枪的人，所以他们要用枪来防备另一个人，而我则可安然无恙。但前提是，我得主动放下枪！

要终止冤冤相报的心智模式，唯一方法是建立对自身价值的正确认知，只有当自己特别认可自己时，我们才不会因为他人片面的判断而怀疑自己价值被否定，不再因为一些无意识自卫性反击伤害了他人而招致他人的伤害，从而使我们的心智模式进入良性循环。在人际关系上，如果我先以德报怨，也许会让对方慢慢过渡到以直报德，再后来才可能会做到以德报德。

放得下脸面，自然更有情面

人们常说“人活一张脸，树活一张皮”，可见“好面子”是每个人都有的一种天性。很多人认为人的一生就应该为面子而活，有了面子，别人才会看得起自己，人生才有意义。难道真的是这样吗？

我曾经看到过这样一则新闻：一位留学国外的博士回国后进入一所大学任教，半年后学校进行教授职称的评选活动，这位博士认为自己很有实力，评上教授职称是板上钉钉的事。但当他知道自己没有被评上教授职称后，开始变得忧心忡忡，感觉自己没有“脸面”见同事，感觉同事都在背后对他指指点点，更严重的是他感觉周围的同事越来越看不起他。在内心的纠结与忧郁中，他竟然选择了自杀。

这位海归博士就是一个典型的“好面子”的例子。他认为自己没有评上教授职称在同事面前“丢了脸”，周围的同事会看不起他，所以选择了自杀。退一步说，即使有一部分同事会看不起他，他也不至于放弃自己的生命，更何况所有的“别人的看法”都是他自己想象出来的，而不是别人真的看不起他。

我们总认为自己在别人眼里很重要，于是就很看重自己在别人眼中的形象。其实很多时候别人根本就没有注意过你，只是你太看重自己的面子了。好面子作为人的一种正常心理，本来是为了提醒我们注意保持自己的良好形象，但是很多人却把这种心理转变成了攀比心理和妒忌心理，以至于让自己的内心充满疲惫和痛苦。

刘飞上大学时学的专业是人力资源，由于成绩优秀，他毕业后便被一家外企录用了。刚进公司时，很多同事都很羡慕刘飞，因为他是公司同龄人中职位最高的。但是过了一段时间之后，刘飞自己却越来越看不起自己，因为他发现很多同事都是时尚达人，经常穿名牌服装，戴名牌手表。每当他看到同事的时尚“光环”时，就觉得自己很寒酸，认为自己与同事们待在一起很没面子。

为了能在同事面前找回自己的面子，刘飞开始通过节省生活费来达到购买名牌“行头”的目的。为此，收入本来不错的刘飞变成了典型的“月光族”。后来，他看到周围有车的朋友越来越多，于是又为了自己的面子开始四处筹钱买车。最终，他实现了自己的买车梦，同时也欠下了很多外债。他的生活水平直线下降，外债压力使他每天都生活在忧虑中。

当今社会上有很多像刘飞这样的人，为了满足自己的面子反而被面子所绑架。分析其中的原因，主要有以下几方面：一是现在的人越来越在意别人对自己的看法和评价；二是随着社会的发展，让人们“好面子”的东西越来越多，比如以前我们只在穿着上好面子，而现在我们在买房买车时也会为了面子和别人攀比；三是很多人认为要想有尊严就必须什么都要最好的，所以面子与尊严常常密切相关。

为此，美国有一位心理学家做过一个关于“住房远近与上班关系”的有趣调查，生活中，每个人都想住在与上班地方近的大房子里。但是现实情况是离公司越近的地方房子越小，离公司越远的地方房子越大。那么，到底是应该为了就近上班而住小房子，还是为了住大房子而来回奔波呢？心理学家通过研究表明：幸福指数的高低与所住房子的大小并没有直接关系，但与上班路途的远近有直接关系，即距离越远幸福指数越低。但是在现实生活中人们却宁愿在交通工具上多花一些时间，也要住在离公司比较远的大房子里。最主要的原因就是住大房子让人感觉很有面子，但是住大房子的人也不得不承受来回奔波的痛苦。所以，当你发现你所追求的东西不是自己想要的，但却是别人所羡慕的，那么说明你已经被面子所绑架了。

有句话说："人瘦并不可耻，可耻的是把自己的脸打肿了来冒充胖子。"有了面子并不代表有了实力，很多时候实力比面子重要得多。如果一个人太好面子，只能说明他眼光短浅，不明白实力才是自己在社会中的立身之本。所以，我们千万不要让面子绑架了自己。

你的妄自猜测多半是错的

你是不是常常悲愤地质问：为什么像我这样善良的人活得这么痛苦，而那些恶人却活得那么快活？你是不是感觉自己的工资收入很低，住房也不够宽敞，经常有生存危机感，因此心里常常很压抑，希望能够尽快改变这种现状？你是不是觉得一些根本没有什么文化的人，竟然腰缠万贯，你很不服气？你是不是觉得家人总是不听你的劝告，让你非常痛苦？你是不是觉得所谓的生活，就是眼睁睁看着它一直滑下去，跌入最坏的命运里？

但是，你有没有想过，自己的收入虽然不阔绰，但可以养活自己；不管房子是租的还是买的，是大的还是小的，你们全家人毕竟有房子住，并没有流落街头，你完全可以不为之痛苦。可是，因为你内心有对金钱和住房的贪求心，所以才感觉非常痛苦。认为有文化就应当有高收入——可文化和收入没有必然联系。你看不清逻辑，这是愚痴；家人不按你说的去做，你就不舒服，这是狭隘，不尊重他人的独立性。虽然他们是你的家人，但却有着自己的思想和观点，你又不能替他们去享乐或受苦，为什么非强求他们的思想和观点和你一致呢？

痛苦，生于得失。得失，生于计较。如果一个人很痛苦，就说明这个人的内心一定有和这个痛苦相对应的计较存在。你那么计较得失，就会时时处于防备之中，严重点就沦为被迫害妄想症患者。你这么折腾，这么纠结，只是因为没有安全感，才觉得万物都不来与自己亲近罢了。

如果可以放下非理性计较和攀比，我们就能活得不那么累。但是，我们就是会本能地、不由自主地去产生防备和怀疑，动不动就滥用想象力去揣测他人。记得一天夜里，我下班回家，行至地铁站安检处时，一个看上去不足二十岁的小男生凑了上来，说："请问一下……"见他口气犹疑，我心中一下闪出无数个念头来，这个男生，不是骗子就是想跟我要钱：比如会说我有明星相，忽悠我去某个地方掏钱交形象拍摄费；比如掏出一块黄灿灿的东西，告诉我他家挖到了几罐金子，想折价处理；比如说迷路了，要我给他带路；比如说突然回家没钱，跟我要点路费；我那一脸沧桑的样子，基本上是可以排除年轻女孩才会拥有的特定打扰：求交往。我想，我应该马上揭穿他的骗局，然后扭头就走。这么一想，无数既有逻辑又合乎常识的行为批判与道德教育词汇瞬间形成了千言万语，他使任何一个伎俩时，我都会毫不犹豫地拒绝，给他上一堂思想品德课后潇洒地离去。

“我……想……想请问……”他看着我的眼睛，似乎感觉到了我的防备心理，话也说得期期艾艾，模糊不清的。只有干坏事才底气不足，以问路的名义行骗的事儿不少见，他的迟疑更加重了我的狐疑。最后费了老大的劲我才听明白，他问我怎么去1号线。

我打量了这个小青年一眼，容貌还算清秀端正，我本来想说不知道，这样省事省力。但见他怯生生的样子，有一点可怜兮兮，我不好意思那么凶蛮，于是决定对他礼貌点儿，虽然我对北京也不熟悉，不过地铁的线路多少知道一点儿，而且1号线几乎是我最熟悉的。但脑子短路，竟然思考了老久才勉强想明白。

“可以坐2号线换……”我说。

“那……怎么……坐……”他结结巴巴地问道，这句话也说了老久，也许，我脸上的不耐烦吓着他了，以至于他看上去有点害怕。我有点烦，这人怎么回事？说话这么慢这么拧巴！但他好像不像恶意骗人的家伙，我感觉，他可能有点口吃，这么一想，心中的敌意少了很多。弄明白他想问的是坐到哪儿换乘的时候，我告诉他，坐2号钱，到复兴门时可以换1号线。

他礼貌地道了谢，在我转身欲走时，又叫住了我，我心道：看吧，果然不是简单的问路！这下，狐狸尾巴真的要露出来了吧！我倒要看看你究竟要使什么伎俩！于是，我转过头去，他一脸认真且结结巴巴地说：“漂亮……特别漂亮……”我愣了愣，看到他眼神里流露出来的纯净真诚。到进站时，他已经消失在我视野中了。不知道他是不是真晓得了2号线怎么坐，我本来近视，又不大认识他，总之，看不见他了。我心头涌起一股强烈的内疚来，我以被迫害心理去审视每一个人，总认为接近我的每一个人，都怀有自己的目的，所以，人家只是一个简单的求助，我却把自己听说过的与经历过的种种事件联想起来揣测他人的目的……原来我这么没有安全感，这么害怕被伤害。我还以为自己真的世事洞明，可以包容一切，不去计较得失呢！现在却对一个单纯问路的可怜孩子都怀疑那么多！

你是不是和我一样，每天都在“不遗余力”地猜测别人（主要是接触的人）的想法？假使你只是想探索他人的思想世界，那你为什么不去猜猜哲学家、科学家的思想世界？也许你会说，那跟我没关系呀！没错，因为你在乎的只是他们对你有什么看法，和你交往会有什么样的诉求，若他与你有合作关系，你会想如何把自己的利益最大化。如果他们和你并无直接的利害交集，你却不遗余力地支持，要么你有关注幻想症、被爱慕幻想症、被迫害妄想症，要么你爱那个人。

但是，我们对他人想法的猜测多半是错误的。记得前阵子和一位同事聊天，她和我说，她误会了一件事：我联系她来现在公司的前一天，前公司领导找她要我的联系电话。听到这里我心里一紧，难不成她以为我在前领导面前说了坏话害她离职的？然后现在发现我其实没有那么干，她感觉自己内疚？于是，我急忙和她解释说前领导联系我只是他要还我的硬盘，但没有我新号码，知道她一直和我有联系，所以才找她要……她对我说，误会了！她以为前领导要电话是想拜托我帮她联系工作，她心里还对我俩万分感动呢！但结果发现好像不是那么回事，所以才确认一下。

虽然，对境临事时，我们心中会不由自主地生起种种情绪，但我们完全可以站在观察自我智慧的层面，去分析情绪所对应的安全感恐惧究竟是莫须有的还是真实存在的。其实，有很多恐惧，多半是莫须有的。很多人的情绪完全来自于对他人行为表现的过度揣测。比如，我思想开了一会儿小差，恰好领导路过，我看见了她一脸不高兴的样子，于是我从她不高兴的表情里开始揣测是不是我发呆被看见了，又联系到自己的工作，完成得也不太好，于是越发加重了这些疑虑，心道：想必她对我的工作非常不满意，说不定正想着怎么罚我呢！带着这样的思想，我自然会终日惴惴不安。但倘若我知道，她看上去不高兴是因为感冒了，身体有点不舒服的话，这时该感觉自己多么可笑啊！我们总是过于敏感，可是这有必要吗？

又比如，她在QQ上叫我过去一下，于是发来信息说：小杨，你过来一下。如果我心态好，工作也没什么差错，我会觉得领导是不是有事和我商量；如果我心态不好，工作上有拖延的情况，我就会很纠结，觉得领导即使不批评我，也要提醒我什么了；如果我心理状态糟到了极点，我直接就能理解为：完了，她终于要找我摊牌了！我想了这么多，而QQ上其实只有几个字罢了，什么也传达不了，但却可以因为心境的不同解释出无限意思来。做领导真难啊！做属下也真可怜啊！

但几乎大多数时候我的猜测都是错的：我以为领导会责备我时，领导却是希望和我商量另外一件事的可行性；我以为领导要惩罚我时，领导却是在说我们要怎么一起努力；我以为领导对我绝望时，领导却对我表示了宽容和理解。而这些，都不是QQ上的几句话能表达出来的。有时候，文字制造的反而是误会。

不必总是猜测他人的想法，每个人经历的事都不一样，每个人的需求都不一样，我们不能代替他人思考，也无法代替他人感受，所以不要猜测别人的想法。同样，别人也无法代替我们思考，无法代替我们感受。所以如果被误解、被曲解、被冤枉，也不必介怀。如果我们内心笃实，可以放下对得失的计较，我们就能不胡乱去猜测他人。

当然，无论你怀着多大的善意，仍然可能会遭遇恶意；无论你抱有多深的真诚，仍然可能会遭到怀疑；无论你呈献多少柔软，仍然可能要面对刻薄；无论你多么安静，多想只做自己，仍然可能有人会按他们的期待要求你；无论你多么勇敢地敞开自己，仍然可能有人会虚饰出他喜欢看到的你。但无论如何，你要记住，你的人生由你书写，而不是别人。人们之所以过得痛苦，是因为他们把依靠建立在了外界而非内心里。

重建一套心智系统不容易，我们只能通过更新或添加部分“新应用”来纠正自己的错误认知，修正那些运行错误的“程序”，才能慢慢地把“系统”升级成最适合自己的。

把好脾气留给亲近的人

网络上有这样一句流行语："我们最大的错误就是把最差的脾气和最糟糕的一面都给了最亲近的人，却把宽容和耐心给了陌生人。"

第一次看到这句话时，我有一种一语点醒梦中人的羞愧，相信很多人都有同样的感受。我们总认为，最亲近的人最理解我们，最关照我们，即使我们犯了错，他们也不会怪罪我们。因此，我们对亲密的人往往最苛刻，丢掉了对他们应有的尊重和耐心。

前不久，一个朋友约我出来喝酒，看样子像是有什么烦心事。果然，一到酒吧，朋友就跟我大吐苦水，说打算跟爱人离婚。

我大吃一惊，不解地问："怎么回事？你们结婚才一年多，你爱人对你那么好，为什么要离婚？”

朋友闷闷不乐地说：“你怎么知道她对我好？”

我说：“虽然我不太了解你们的家庭生活，但是每次你带她出来的时候，她对你的关爱那是大家有目共睹啊。就说前一阵你们结婚一周年纪念日吧，虽然是在酒店举办的庆祝会，但你爱人却从家里带来了你最爱吃的松鼠鳜鱼。还有国庆节你邀请一帮朋友出去旅行，路上你爱人又是给你剥石榴吃，又是给你削苹果吃，对你是万分照顾，看得我们一帮人羡慕不已。另外，你也曾亲口跟我说，你是个马大哈，东西总是乱放，你爱人每天都耐心地给你归置好；你出门上班时，你爱人会帮你整理好领带，打理好头发。有这么好的爱人，你还有什么不满足的呢？”

朋友叹口气说：“你看到的都是表面现象，家家都有本难念的经啊，你不知道，她现在对我是百般挑剔，常常嫌我电话打得太多，打扰她工作；动不动就抱怨我挣得太少，房贷只能勉力维持；还总是在我面前夸赞她的一个男下属。唉，说到她那个男下属，我真是气不打一处来。经过秘密调查，我发现她跟那个男下属关系非同一般，经常在公司亲自给男下属煮咖啡，吃饭也凑到一起。更可气的是，她跟男下属在一起时就各种活跃、各种健谈，回到家就成了“自闭症患者”，就知道捧着手机找乐儿，要么对我的话充耳不闻，要么就呵斥我闭嘴。我猜啊，她八成是出轨了，爱上了那个男下属。这种事谁能忍，我一定要和她离婚！”

听了这番话，我更是惊讶，在我的印象中，朋友的爱人绝不会做出行为不检点的事来。我猜，这里面一定有误会。于是，我试探着问：“我听说过一句话，即便是分手也是两个人的错。你现在觉得爱人犯了错，难道你就没做错什么吗？刚刚你说你做过秘密调查，我猜这里面应该有内情吧。”

朋友愣了一下，说：“要说内情，我确实也有做得不对的地方。我这人吧，有点多疑，喜欢偷看爱人的手机。”

我说：“这就是你的不对了，你这种行为明显是对爱人的不尊重以及对婚姻的不信任。正因为你多疑，想必你平时也没少给爱人脸色看吧。”

朋友讷讷地说：“嗯，平常对她乱发脾气那是少不了的。”

我说：“你现在处于理智混乱期，我劝你还是静一静，把事情搞清楚再做决断吧。”

朋友虽然喝了点小酒，但对我的话还是赞同的，跟我说那就再观察一段时间。

后来，朋友又找到我，说他确实误会了爱人。原来他爱人跟那个男下属在做一个大项目，他爱人平时煮咖啡犒劳一下男下属也无可厚非，而且他爱人跟男下属即便是一起吃饭也在讨论工作，根本没做什么出格的事。

现在，朋友一改多疑的毛病，他爱人也认识到因工作忙碌而忽视了丈夫，两个人各自检讨，又重归甜蜜的生活。

其实，越是面对亲近的人，双方的感情越容易出现裂缝，产生隔阂。这是因为，我们总在潜意识里最先忽略亲近的人。

父母和同事同时邀请你周末一起吃饭，你在心里说，还是答应同事吧，毕竟关系到人脉积累，父母那里说一下他们一定能够理解，以后再孝顺他们也不迟。

爱人找你看电影，老板同时间找你去公司处理业务，你断然拒绝了爱人，跟她解释说你现在的努力全都是为了她，希望她能理解。

好朋友和客户同一天找你有事，你以前途更重要为由说服自己打发了好朋友，欣欣然地去见客户。

正是因为亲近，你肆无忌惮地冷落了身边亲近的人。你认为，以后有的是时间补偿亲近的人，而生命中的过客一旦错过就不在，所以还是先顾及那些过客吧。

对你而言，亲近的人意味着好说话，懂包容，会义无反顾地支持你的选择。可是你忽略了一点，人与人之间的交往，即便是跟亲近的人，也需要互相尊重。如果你一直忽视亲近的人，亲近的人迟早会对你变得冷漠。

所以，面对最亲近的人时，一定要记得调节负面情绪，收敛不好的习惯，尽可能把最好的一面展现在他们面前。否则，如果连最亲近的人都对你冷了心，这世上你还能温暖谁呢？

因为懂得，所以慈悲

“因为懂得，所以慈悲。”张爱玲如是说，多年以前，见此惊艳妙言时，我击节而赞，是啊，若是懂得，必然会有理解，会有体谅，会有慈悲的。多年以后，当初的惊艳，只是感动。当初的感动，只是渴盼自己能被人懂，渴盼自己能被人理解、体谅，然后报我以慈悲与宽容。只因这句话切中了心之所求，所以我才感觉这话那么惊天地泣鬼神。如今再观再品，早已不是当年滋味——因为懂得世界非我所愿是理所当然，于是接受了世间的万变，或好，或坏，或悲，或喜；因为懂得我们为何那么在乎自己，于是不再认为那些与自己无法好好相处的人是故意为难自己；因为懂得在最深的红尘里的所有爱恨悲喜，永远都会以或聚或散的方式不断地生起、陨灭，不会因为谁有不甘而有丝毫改变，你我亦如是，于是有了体谅那些恩怨情仇、怜悯那些喜怒哀乐的慈悲。原来，当时的我，只是把言语当成了惊艳，把感动当成了懂。

其实，生命是一艘成长的船。初时，它只是一叶扁舟在时间的海洋里飘荡，稍有风雨，即有倾覆之虞；有了小篷，就不再惧那轻微的风雨了；后来，它成了可以乘风破浪的大帆船，视风雨的来去为寻常；再后来，它渐渐成了轮船，连惊涛骇浪亦可无惧。直到最后，我们才会发现，那些年以为的曾经沧海，原来只不过是沧海一粟。

年轻的我们总想占有更多的东西，因为我们那么缺乏安全感；总想处处优于别人，因为我们想要成为关注焦点：总想发表无数的意见，因为我们一眼就能看出哪儿有不足……我们习惯了以攻占与逞强的方式与世界相处，似乎不如此不足以武装我们脆弱的灵魂。但我们却没有想过，其实我们的暴烈，证明的不是我们有多强大而是有多软弱。对事件的掌控无能使得我们处处受伤，所以我们处处张牙舞爪，进行着本能的自卫反击，并且美其名曰：自己只是不想被人随便欺负，自己只是追求公平，却并不知晓，我们其实只是欺软怕硬。面对弱者，我们欺之，并不以为然，因为他们伤害不了我们；面对强者，我们无力反抗，就算受伤了，也不打算反击。所以我们总是特别容易反击那些与自己能力相当的人。但恰恰因为如此，我们却伤得最深。

若是我们知道，人生只是一个相互在爱中扶持一段时间，然后各自散去的过程，也许，我们可以对那些伤害增强一些包容力。莫名其妙地来，万般无奈地去，人生不过如此，属于我们彼此的只有一段共同相处的时光。亲爱的你，我们将会分离，不是你先退出，就是我先离开。无论是生离，还是死别，最后，都免不了一场离别。既然如此，我们为什么不主动放下过去的种种伤害，像离开就会永别一样对每一个人好？

前些日子在网上看到一个故事：一个人与自己大学同学相遇，多年不见，自然难免一番嘘寒问暖。在谈话中，他知道班上的许多同学在事业上都取得了不小的成就。有的从政做了官，有的下海经商做了老板，有的成了单位里挑大梁的骨干。那个人猜想，这个同学也一定混得不错。因为当年身为班长的他，不光学业优秀，而且吹、拉、弹、唱样样精通，是一个极有才气和能力的人。但同学聊到自己的现状时，却表示非常郁闷。

原来，那位同学奋斗了十年，还只是一个小职员。这让他非常难以置信，以那个同学的能力，无论在哪个单位，都应该是数一数二的人物才对。那个同学也把自己的落魄归咎于大家排挤人才、嫉妒人才、压制人才等。他不禁同情起同学的怀才不遇来。

半年后的一天，这人去参加省外的一个笔会，其中有一个文友正好是他那个失意同学的上司。两个陌生人之间自然以两人都熟的人为谈资。文友说："他的确是个不可多得的人才，然而他太好表现，处处锋芒毕露、逞强好胜，不把任何人放在眼里，在单位里很不受同事的欢迎。尽管如此，我还是十分欣赏他的才干，好几次想找机会提拔他，可遗憾的是，每次投票，他的得票都是最低的，我也没有办法。"

我委婉相告，那位同学才明白，他的不得志，不是输在能力上，而是输在了心智模式的恶性循环上。为什么呢？因为他的骄傲和锋芒毕露是一种对身边人的伤害，和他相处的人，都会因为觉得受伤而产生自卫性反击情绪，如此他受到更多的伤害，于是再变本加厉地反击，结果得到越发多的伤害，最终，他成了自己的受害人……

我不知道别人眼中的好表现和锋芒毕露究竟是因为他真的骄傲还是因为他受伤后表现出的自卫反击性情绪让他看上去很骄傲。我更容易相信，最初的他是真的有一些骄傲，作为才子，作为一个意气风发的青年，自然容易自负。但随着时间的推移，生活的现实与工作的止步不前一定让他没有能力再骄傲下去了。所以，到了后来，他已经成了真正的不良心智模式的受害者。

也许你会问我，就是有那么一些人，特别骄傲，特别爱张牙舞爪，难道他们也是自己心智模式的受害者？没错，因为每一个人都有被尊重的需求，而且我们每一个人无时无刻不在审视身边人的行为。出于本能，我们会给对方的行为设计一个自以为合理的值，略上略下，我们都能包容，但是，我们对他人的标准往往是严苛的，即使别人只是合理程度的自我表现，但在我们看来，都可能已经表现得过多了——因为我们不想把自己的精力过多地分散在欣赏他人的表演或与人交流上。严重的时候，甚至觉得他人多说一句话都受不了。

我就是个这样的人，很害怕别人和我说话，因为不知道他们会问一些什么样的让人很无语的问题。很不想听见别人终日为吃了什么买了什么而唠叨半天，完全无视其他有安静需求的工作者。更害怕的是，那些和你交流的人，要问你意见，却永远不听你说什么。就像身边一些缺乏经验的同事向我请教如何提升编辑能力时，我推荐了一些书，希望他们按时看完，然后可以具体地交流人家的写作方法、内容亮点。因为他们编的稿子实在需要提高。每个人都答应得很好，但在我问结果时，一个说还没来得及看，一个说没找着书，从网上看了一点，觉得别人写得不怎么样。我呵呵一笑，不再言语。如果你真有心学习，还会找不着一本到处都有的书吗？那种不用心真的很让人绝望。所以我越来越沉默，成了别人口中的不愿指点新人的人。因为他们刚一张嘴问问题，我就开始烦了。这种不理人，不是骄傲，而是不想让自己说一些说了别人却根本没听进去的意见。他们还需要去经历，去受苦，痛到彻骨后，才可能反省。所以，什么也不必去说了。人啊，活的是自己的选择，你既然选择了不用心，就得接受不成长的后果。

也许你会问，我是有点骄傲，可是我没有想过伤害别人，他们为什么那么讨厌我？很好，能问到这一步，至少转入了思考的阶段。确实有不少人虽然内心很骄傲，但对人是很谦和的，也没有想过要伤害别人，但却树了很多敌。为什么？因为我们自觉合理的表现，在别人看来，往往就已经表现得过多了。因为每个人都有夸大自己作用力的本能，即使我们下意识地抑制了，表现出来的行为依然有可能让人感觉我们很自大。有诸内必形于外，我们对情绪是非常敏感的。那头挑一下眉毛，这边不需要任何读心术便可感受到里面的质疑，不需要用语言去表达什么，一切就无处遁形了。所以，一个内心骄慢的人所流露出的情绪会在不自觉中伤害他人。

本来，骄傲并没有多可恶，它只是一种关注自己的情绪，但这种情绪所折射出来的，其实是超级自卑。如果我们仔细留意一下那些骄傲的人，不难发现他们的特点：不大听别人的意见，只顾发表自己的意见。如果自己的意见被认可，他们就会很高兴，然后享受这种感觉。这实际上是一种极为严重的认同感缺乏带来的自卑，因为没有认同感就没有安全感，大家伙不相信你的价值，所以你才会一而再再而三地张扬你的价值。因为极度缺少认同感，所以他们处处表现自己，以期伯乐的欣赏或从众者追捧。那些内心笃实的人，不需要外求认同，所以反而一点儿也不骄慢。不需要表现自己，只要自己懂自己就好；不需要他人认可自己的价值，因为只有自己才真正知道自己的价值。他们不会把自己的价值和外面的片面评价等同起来，所以面对什么样的情况都可以波澜不惊。

傲慢只是弱者的武器，也是他们走向黯淡的节奏。我忽然想起一个历史名人来，这人以恃才傲物著称，也因此而死，你或许知道我说的他是谁了。没错，他就是杨修。

建安二十四年（公元219年），在曹操和蜀军僵持不下之时，曹军的主簿杨修因为一根“鸡肋”丢了性命，成了“聪明反被聪明误”的代表。说起才华遭妒，曹操手下，有才华的人真是不可胜数，像郭嘉、程昱、荀彧、贾诩，哪一个不是才华横溢？为什么他们没有因为有才华招来曹操的忌妒？曹操并不是一个小气之人。就拿张绣来说，当年发动兵变杀了曹操的儿子和爱将典韦，后来又投降曹操时，还是得到了曹操的礼遇。大度的曹操连杀子之仇都可以谅解，为什么就不原谅杨修对自己的冒犯呢？杨修有什么特殊的“才”，让曹操无法容忍，一定要将他除之而后快呢？

答案是他过分表现自己，过分爱求认同。

曹操让人造一座花园，造好后，曹操去看了一下，然后在门上写上了个“活”字就走了，结果是“人皆不晓其意”。杨修却说：“‘门’内添‘活’字，乃阔字也。丞相嫌园门阔耳。”大家都不明白曹操在想什么，只有杨修看明白了门上字的含意，并且很得意地把秘密告诉了别人。那种得意扬扬里，一定透露出了“就你那点小伎俩别想蒙我”的睥睨，也一定透露出了对大家认同的满足。

曹操为了防止别人暗害自己，便说自己梦中喜欢杀人，让大家不要在自己睡着时接近自己，并装模作样地杀死了一个替自己盖被子的近侍。结果是“人皆以为操果梦中杀人”，而又只有杨修了解曹操的意图，并对别人说：“丞相非在梦中，君乃在梦中耳。”

曹操想考查一下两个儿子曹丕、曹植的临机处事能力，故意让两人出城，却在暗中吩咐门吏不让两人出城。结果，曹丕老老实实地退回来了，而曹植却在杨修的指点之下，杀了门吏，得以成功出城。杨修又一次料到了曹操的意图。

杨修特殊的才华其实是对曹操意图的洞察力。用大将夏侯惇的话来说，就是“公真知魏王肺腑也”。杨修像一个高明的心理专家一样，可以准确掌握曹操的心理动态。在杨修面前，曹操就像被人扒光了衣服，所有的秘密都一览无余。杨修知道曹操的意图也就罢了，还屡次把曹操的意图告诉别人。于曹操来说，这不只是一种智慧被看低、人格被看轻的羞辱，还有对一个人过分嘚瑟、过分寻求认同感的厌恶。抢占关注焦点也就罢了，还非要逼得自己花大部分时间去关注这么一个人，这才是让曹操心烦的原因。

打个比方，如果一个明星想要抢占关注焦点的话，我一点不快也不会有，因为他和我的生活没什么交集。但是如果我身边有同事不断发表自己的高明理论或展示自己琐碎的生活的话，我便会很快厌烦。一是我不喜欢听，也不喜欢回答什么；二是无缘无故地被占用了时间。

编剧廖一梅有一句话可以很好地解释为什么大家都不喜欢骄傲的人：“别跟我说你的事，我不想知道。”

原来，不是因为你的骄傲伤害了别人，而是因为别人不想花时间去关心你。还是收好自己的求认可欲，努力提升自己的实力吧。也许这样，有一天还真的有人愿意去欣赏你的自我骄傲。

有时候，幸福需要拐点弯儿

我的朋友小A，原本是个知书达理的好女子。别人视为巨大难题的婆媳关系，她却不以为然，觉得自己和老公是真心相爱的，自己平时对父母很好，只要自己对婆婆好，将心比心，又怎么可能有矛盾呢？怀着对幸福的憧憬，她与自己的男友小王走进了婚姻的殿堂。远在他乡的我看到她空间里满满的幸福照片，也忍不住发出衷心的祝福。像她那样一个楚楚动人的善良女子，自是值得任何一个男人终生呵护的。

过了两年，他们有了自己的宝宝。看到小宝宝百日照，我想，这真是一个幸福的女子，有一个爱惜自己的老公，有了自己最心爱的孩子，一家人能如此甜蜜地生活下去，夫复何求？没有想到，半年后却传来小A离婚的消息。电话里，我大为诧异地问："怎么回事？你们不是那么恩爱吗？"

她轻轻地一笑，掩饰不住满心的忧伤：“我败了，败给了他妈，败给了他们全家！”细问之下，她才道出，结婚之后，婆婆就搬进了他们的爱巢，说是年轻人不懂照顾自己。她本来也想和婆婆搞好关系，所以不顾小王的反对，把婆婆接了过来。第二天，她就开始不适应了。婆婆习惯了早起，虽然早起也只是弄点早饭吃，可是她觉得，小A没有上班（小A是编剧不需要坐班），应该早起给小王做早饭。小A虽然解释说自己给电视栏目写剧本，晚上工作时间晚，但是婆婆就是不听。

有一天，小A正在梦中，突然被婆婆训醒：“你有没有想过，天气变冷了，要提醒老公加衣服？你这个做媳妇的像话吗？”小A蒙了，自己昨天改稿三点多才睡，现在七点多又被骂醒，小王自己是大人，难道不知冷热……婆婆一直觉得小A占便宜了，因为她“没上班”，靠小王养着。她总是觉得自己的儿子特别优秀，小A配不上，小王应该找更好的。婆婆不知道小A的收入比小王高多了。矛盾在小A怀孕时开始升级，小A在家里只能吃婆婆最喜欢的一两样菜，出去吃又被婆婆数落。到坐月子时，在小A最不能起床的时候，婆婆打麻将，小王加班……如此一来便一发不可收拾。婆婆有天竟然恶意向小王告状说小A因为一件小事骂了她，还在月子里的小A，竟然被小王打了一巴掌……

两人所有的爱都在家庭矛盾中消耗殆尽，婚姻终于走向了尽头，为了过得安宁一点，小A选择了离婚。

我听了之后，慨叹连连。两个陌生又有代沟和情感利益冲突的女性，注定了难以生活在一起。但是不是遇上恶婆婆就得离婚呢？我看也不一定。

同事小李就搞定了自己的“恶婆婆”。

以世俗观念来讲，小李算是高攀了。出身农村的小李，嫁了一个有好几套房子的“款哥”，还幸福得不行。私下里，大家都想向她请教驭夫之术。在我们的一再追问下，小李道出了秘密：在婚姻里，女人最主要的难题是面对婆婆，你不可以软弱，软弱就受一辈子气；你不可以逞强，逞强会伤害你心爱的丈夫。

原来，小李在和老公大陈结婚时就达成了如下协议：

1.无论任何情况，大陈都要站在小李这边。

2.无论任何情况，小李都不会向大陈抱怨婆婆。

3.无论婆婆怎么抱怨小李，大陈都不可以当真。

果然，富婆婆不是好惹的，结婚之前逼小李进行婚前财产公证，进行离婚净身出户公证。结婚之后，虽然没有和他们一起住，但这个富婆婆总觉得小李耽误了大陈娶富家女的前程，所以隔三岔五地去折腾小李。今天问小李一个月可以上交多少生活费，明天又要求小李交出大陈的工资卡。不过小李心中正能量充足，每当面对富婆婆的刁难时，她总是会说："妈，我上周六在商场里看见一套特别高雅的衣服，很适合您华贵的气质，周末我陪您去买。"或者说，"我听说您二十几岁的时候美得像天仙一样，很多男孩追你，妈要周末有空来给我讲讲您的故事……"婆婆奈何小李不得，便开始向大陈告状。今天她给我脸色看啦，明天她太自私啦之类的。大陈听得多了不免嘀咕，他小心翼翼地问小李："我妈没找你事儿吧？"小李说："怎么会，妈很好啦，上周我陪她买了好几套衣服，这周我听了她讲自己的故事。你别说，你妈真漂亮。我干脆给她办张健身卡，周末陪她健身，这样她能穿得上更多的漂亮衣服。"

大陈将信将疑地向母亲核实，母亲只好坦白交代了。然后，大陈又转述了小李的话，婆婆心里开始不好意思起来。后来因为一件事，婆婆明显失理被大陈责怪，小李还说妈只是觉得她那种方式对我们最好，没有想到可能不太适合我们，叫大陈不要责备婆婆，大陈慢慢发现，母亲对小李的挑剔越来越少。

彻底改变婆婆态度的一件事是公公出轨闹离婚了。

这事多少有点狗血。婆婆要死要活就是不同意离婚，大陈也不知如何是好。耐心听完婆婆的哭诉后，小李问了两个问题：一是公公出轨过多少次？二是婆婆是不想离婚还是不想分家产？婆婆像普通的无助女人那样哭着说，原来发现他出过几次轨，她没同意离婚，以为他老了就能收手，没想到六十几的人了还一肚子花花肠子，她不想分家产也不想离婚，只希望留住自己的婚姻和家庭。

小李安抚了一番婆婆后说，如果婆婆想维持婚姻，就得听她的。她先让大陈打听情况，随后对公公的行为做出了判断：公公十有八九是被女人图财了。办法这就有了。小李让婆婆装大度，说只要那个女人对公公是真爱，婆婆便可以答应他的条件；如果女人只是贪财，公公要想离婚就得净身出户。婆婆起初不同意，后来，经过大陈的建议，让公公告诉那女人，财产都被婆婆转到了儿子名下，自己还患了心脏病，没多久，那女人自行消失了……经过这样一番折腾，婆媳关系大为改善，婆婆再也不无故刁难小李了。

小李没有软弱，也没有逞强，而是机智地解决了许多女性朋友的大难题。其实，很多事不是我们做不到，而是我们放不下身段。人心都是肉长的，婆婆也不难“对付”，只要不因为一时的矛盾而自乱阵脚失去理智，就可以不让矛盾升级；只要学会“打太极”，就可以使婆婆的力气全打在棉花上。作为后辈的我们，应该学着理解婆婆在特殊环境下养成的心理不安全感，只要我们找准了她们的心理需求，并恰当地去满足这些需求，又有什么婆婆是自己搞不定的呢？

其实，人与人之间唯一的冲突是价值观冲突，并没有什么难解的结，婆媳之间尤其如此。你若是不喜欢她做的饭，少吃几口装装样子，转身出去悄悄买点喜欢吃的食物塞饱肚子就好；你若是不喜欢听她说的话，就左耳朵进右耳朵出，当自己是间歇性失聪就好；你若是不喜欢她看孩子的方式，只要想想，那到底是她亲孙子，十个保姆也未必比她更让人放心。其实，很多事都是这样的，只要你自己不觉得是事儿，事儿再大都不算是事儿了。有时候，幸福需要智慧拐点弯儿。维护好婆媳关系，不仅可以多一个可靠的人，更能为自己的婚姻增加一份保障。

或许，你会觉得，那样去迁就别人，你很委屈。凭什么要你主动牺牲这么多，去换取一份本来就应该得到的安宁？

如果心怀这样的计较，只能说明你的内心力量太过弱小，还欠缺足够的调适力。世间的事，没有一件事不是主动的人得到更多。主动是一种能力，主动终止伤害更是一种能力。你若不去主动终止伤害，必然会面对日后没完没了的彼此伤害。多少家庭，不是因为双方都没有终止彼此伤害的恶性循环，才分崩离析的？

心平则气和，一个内心没有不平的人，是不会觉得自己委屈的。你若心中没有所谓的面子和骨气之类的莫须有的枷锁，又哪儿会觉得自己主动终止伤害是一种没面子？即使它真的是面子之一，与长长的一生的幸福相比，是一时的面子重要，还是一世的幸福重要？

天下没有白吃的午餐，世间也没有不需要主动去追寻的幸福，你若没有主动终止伤害的能力，也不会具备享受幸福的能力。当然，主动终止的过程会很艰难，我们不可能今天说改，明天就一下改了，中间必然还会有挣扎、强烈的压抑以及内心的不甘心。但是，只要我们慢慢去做，去相信那些有意无意的攻击，只是受伤自卫反应，我们就能慢慢学会接纳，学会调适内心的愤怒，成为一个可以主动终止伤害，享受幸福生活的人。

给别人留点余地，就是给自己留下退路

隔壁家有个小男孩，从小就被宠坏了，一直横行霸道，无法无天。他经常在学校里欺负同学，回家了也不安分，经常打扰邻居。在学校的时候，三天两头有家长到家里来告状，揪同学辫子啦，把墨水洒在同学身上啦，跟同学打架啦，欺负同学的招数可谓五花八门。而他在家里也不老实，经常把自己家要扔的垃圾今天放在这家门口，明天放在那家门口，或者在别人家门上乱涂乱画，或者恶作剧敲邻居家的门。对于这种种恶习，邻居们虽然都很厌恶，但是觉得他毕竟是个孩子，都只是简单地教训两句，并不较真。这么一来，那孩子愈加肆无忌惮了，像个小霸王似的。

前段时间我回家，我妈跟我拉家常说邻居家的孩子跟学校有一些纠纷，我见怪不怪，问："又捅什么娄子了？"没想

到我妈说那孩子这次没惹事，倒是他们老师，进教室的时候看见他同桌揉着膝盖哭得稀里哗啦的，便不由分说地将他拉出去罚站。结果一气之下用力过猛，那孩子又没站稳，一下子摔了，脑袋磕在桌角上，额头当时就肿得老高。老师担心孩子受伤，没顾及了解发生了什么事，赶紧带他去医务室处理，后来又亲自把孩子送回家，也算是尽心了。

回家后父母见儿子这个样子，以为他又在学校打架了，又心疼又生气。询问清楚后才知道是老师的责任，又听说他同桌哭是因为自己不小心摔倒了，跟自己儿子没有任何关系。当时碍着老师的面子，孩子的父母虽然嘟囔了几句，但也没说太过分的话，毕竟那位老师一直在道歉。

可是第二天，孩子的父母便直接去了校长办公室，要求那位老师赔偿，并给他们的儿子道歉。话越说越激动，他们甚至还要求换掉那位老师。

虽说身为一校之长，这种事见多了，但这么难缠的父母校长还是第一次碰到。他们把孩子带去，让校长“验伤”，还说事情不解决便要告到教育局去。当时这个学校正在评省级文明校园，关键时刻，可不能出差错。

为了大局考虑，校长先是试图和解，说支付医药费和道歉可以接受，但是换掉老师就不行了，毕竟那位老师已经在这个学校教了十几年，为了一个小失误就把她换掉，不人道。再者，现在都快临近期末考试了，突然换老师对学生的学习有影响。

但是，好说歹说，孩子的父母就是得理不饶人，一直声称不换老师就去教育局投诉这里的老师体罚学生。

校长没办法，最后答应了他们的无理要求。

其实，孩子的父母在之前并没有详细地了解那位老师，老师虽说不怎么喜欢那个男孩，但看他成绩还过得去，对他的教育还是认真的。这次事件之后，新老师对这个孩子爱理不理，完全放任自由。为什么？原因很简单，她担心万一惹到了那个孩子，他的父母又来学校纠缠不休。不仅是这位新老师，其他的任课老师也差不多将这个孩子视为“远离品”，唯恐自己出点什么差错再被他父母缠上。

如此一来，结果可想而知，那孩子的成绩直线下降。他父母再次来学校问责时，校长、班主任、任课老师全都一副“你们自己不是就想这样的”的样子。

末了，我妈感叹一句，这孩子现在整天闷闷不乐的，看着怪让人心疼的。唉，都怪他父母，太得理不饶人了，把事做得那么绝，完全不给别人回旋的余地。

看来，给别人留一点退路，实则也是给自己留退路，把别人逼得无路可走，自己以后的路也将走得不顺。所以，平日里得饶人处且饶人，未尝不是对自己的救赎。